菠萝蜜 面包果 尖蜜拉
栽培与加工

BOLUOMI MIANBAOGUO JIANMILA
ZAIPEI YU JIAGONG

谭乐和 主编

中国农业出版社

编 者 名 单

主　编　谭乐和

副主编　吴　刚　桑利伟　刘爱勤

编　者　桑利伟　胡丽松　孟倩倩

　　　　　白亭玉　孙世伟　贺书珍

　　　　　林民富　吴　刚　刘爱勤

　　　　　谭乐和

本书的编著和出版，得到中国热带农业科学院2016年院本级基本科研业务费专项"热带木本粮食作物资源与产业关键技术研究"（No. 1630142016003）、2017年海南省重点研发计划项目"菠萝蜜优良品种（系）选育与示范"（项目编号：ZDYF2017045）、2017年院本级基本科研业务费专项"热带木本粮食作物种质资源收集、保存和创新利用"（No. 1630142017018）等课题经费资助

前　言

　　菠萝蜜（*Artocarpus heterophyllus* Lam.）、面包果［*Artocarpus altilis*（Parkinson）Fosberg］和尖蜜拉（*Artocarpus champeden* Spreng）都是桑科（Moraceae）菠萝蜜属（*Artocarpus*）特色热带果树，也是热带木本粮食作物资源。菠萝蜜属的属名*Artocarpus*来源于希腊文artos（面包）和karpos（果实），就是面包的意思。成熟的菠萝蜜、尖蜜拉果肉含糖量很高，晾干后耐储存，因为富含大量蛋白质，所以常常作为干粮，轻便又富含营养；此外，菠萝蜜、尖蜜拉种子富含淀粉，煮后味如板栗，种子磨粉可以制作烘烤面包。面包果果实富含大量淀粉，可直接放在火上烘烤或蒸煮即可食用，口感风味胜似面包；果实除直接加热食用外，亦可用来制作饼干；果实磨粉在主产国当面粉用。现代营养学研究证实，菠萝蜜、尖蜜拉和面包果的热量几乎与米、面相近，是南方的特色杂粮，成为热带地区用途广泛的木本粮食资源，也常被称为热带地区的"树上粮仓""铁杆庄稼"。

　　菠萝蜜、尖蜜拉和面包果种植方式灵活多样，植地遍布房前屋后、村庄边缘、公路两旁、山坡地和防护林带等。此外，菠萝蜜、面包果和尖蜜拉等栽培方法简单易学，管理粗放，符合不发达地区农民文化程度、生产技术条件等现状。无论山区、丘陵、平原或沿海地区均可栽培，也是绿化美化乡村的好资源。因此，大力推广种植菠萝蜜、尖蜜拉和面包果，对促进边远山区广大农民脱贫致富、农业增效具有重要意义。

菠萝蜜原产于印度南部，多分布于东南亚国家，主产国为印度、孟加拉国、泰国及马来西亚等。我国引种栽培菠萝蜜至今已有一千多年的历史，目前在热带、南亚热带地区均有种植，实生群体性状变异大，资源丰富。果实味甜，香气浓郁，富含糖分及维生素C等，可食率40%左右。可食部分每100克含碳水化合物24.1克，以及钙、磷、铁等元素。有止渴、通乳、补中益气的功效，营养价值高，享有"热带水果皇后""齿留香"的美称。果实除作鲜果直接生食外，还可制作糕点、果脯、脆片、饮料等；未成熟果可作各种菜肴的配料；种子富含淀粉，可作为粮食的补充，是南方的"木本粮食"；此外，菠萝蜜树体木质细密，色泽鲜黄，纹理美观，是优质家具用材。

目前我国菠萝蜜生产主要在海南、广东、广西和云南等地区，以海南、广东等地种植最多。据不完全统计，1999年我国菠萝蜜种植面积约1300公顷，近10年来菠萝蜜生产发展迅速，种植面积以每年10%以上的速度增长，并在一些优势产区出现了规模化商业种植，至2015年年底我国菠萝蜜种植面积约1.67万公顷，其中海南种植面积和产量均列居第1位，主栽品种为马来西亚1号（琼引1号），种植面积约1.2万公顷；广东湛江地区3333公顷，主栽品种为常有菠萝蜜和四季菠萝蜜；其他省份约1330公顷。年总产量达20万吨以上，农业总产值10多亿元。

面包果又称面包树，原产于南太平洋的玻利尼西亚和西印度群岛，是当地的主要粮食作物，萨摩亚、斐济、牙买加、马达加斯加、马尔代夫、毛里求斯、巴西、印度尼西亚、菲律宾等国家及美国夏威夷广泛种植，美国南部佛罗里达也有少量分布。目前我国海南、广东、台湾等地有引种栽培，特别在海南省万宁市兴隆周边房前屋后常有种植，其他地方较少见，面包果的功能用途尚未被人们普遍认知，产业发展也刚处于引种试种阶段。

　　面包果果肉及种子均富含蛋白质、碳水化合物、矿物质及维生素。果实营养丰富，富含大量淀粉，果肉含水分58.0%、蛋白质1.6%、糖类28.0%、维生素1.2%，还含有丰富的钙、维生素A、B族维生素和维生素C等。成熟的面包果，放在火上烘烤或油煎或蒸煮就可食用，口感松软，味如面包，是天然的健康食品，素有"长面包的树"之美称。此外，其果实还可用来制作饼干、果酱和酿酒。南太平洋岛国萨摩亚居民，被认为是世界上最强壮的民族，其主食就是面包果。当前在原产地或引种地，面包果规模化商业栽培的还相对较少，在南太平洋地区面包果是农林作物复合栽培的重要组成部分，以相对较低的资金和劳动力投入就可促进农业可持续生长，是名副其实的"懒人作物"。在原产地，面包树结果量可达6吨/公顷，与其他常见的主要作物相比毫不逊色，并已被认为是最有潜力解决世界热带地区饥荒问题的粮食作物。

　　尖蜜拉又名尖百达或小菠萝蜜，原产于马来半岛，在马来西亚、泰国南部、印度尼西亚等地广泛种植。它是值得发展的特色热带果树，因为在东南亚一带，人们认为其果实风味优于菠萝蜜。我国20世纪上半叶引种，现海南、广西、云南西双版纳、广东湛江等地有引种栽培，最近6～8年海南已有较小面积的规模化栽培。中国热带农业科学院香料饮料研究所自20世纪60年代以来先后多次引种尖蜜拉，并获得成功。尖蜜拉能在海南省万宁市兴隆地区正常开花结果，较好适应当地的气候条件，但只在果园或是庭院中零星种植。20多年前，我国台湾地区从马来西亚引进优良尖蜜拉品种进行种植，最终获得成功并得到推广。由于该尖蜜拉品种具有浓香的榴莲味道，因而常被称为榴莲蜜，市场效益较好。2008年前后，台商从台湾引进榴莲蜜到海南省海口市三门坡及琼海市等地试种成功，引种的榴莲蜜性状稳定，综合性状优良，种植后5～6年进入盛产稳产期，每株产量可达100千克以上。目前，海南琼海、三亚、乐东、琼中等地有部分地区推广种植。

尖蜜拉成熟果肉味浓甜，香型独特，似乎含有榴莲、菠萝蜜和橘子的混合气味，营养丰富，果肉可溶性固形物含量25%，总糖含量38.6%，果肉淀粉含量1.26%，每100克果肉含蛋白质3.5～7.0克、脂肪0.5～2克、维生素C 3～4克，风味比菠萝蜜好。烤熟或煮熟的种子可食用，味如板栗，富含蛋白质、脂肪和碳水化合物等。不成熟的果实去硬皮可用来煮汤，是味道鲜美可口的菜肴。同时，尖蜜拉的木材致密、持久耐用，是建筑、家具良好用材。虽然与菠萝蜜相比，尖蜜拉的果实风味更佳、携带更方便，且成熟果实具有胶液少、食用方便等优点，只可惜市场上少见销售，知名度不如菠萝蜜，是我国热区具有开发潜力的特色果树品种和木本粮食作物，可适当发展，以满足市场个性化需求。

综上所述，尖蜜拉、面包果由于引入历史相对较短，产业规模较小，对于其研究还未系统深入，尖蜜拉处于扩大试种阶段，面包果处于起步阶段，而不像菠萝蜜已在优势产区出现规模化生产。因而，在市面上较少看到出售尖蜜拉、面包果果实，也就不足为奇了。目前尖蜜拉、面包果还只是热区尚未开发的木本粮食作物或稀有果树，究其原因，除认知不足外，优异资源特别是抗寒资源匮乏以及优良种苗繁育与栽培技术缺乏更是制约其生产发展的重要因素。

当前，我国的城镇化和工业化对农业生产造成巨大压力，对粮食安全体系提出了新挑战。城镇化建设加快推进，建设用地不断蚕食粮食耕地。土地资源的有限性，决定了建设用地会对粮食生产产生一定的"挤出效应"，直接造成耕地面积减少、粮食供给能力减弱。发展热带木本粮食（或特色杂粮）产业，由于其种植方式灵活多样、见缝插针，而且种植管理粗放，不仅是加快热区绿化、改善生态环境的有效方式，也是发展绿色经济、促进热区农民增收的一种新的有效途径。我国热区的一些偏远山区，农业发展相对滞后，农民增收渠道不多，热带木本粮食种植适合山区农民文化程度和生产技术条件等现状。我国南部的海南、广东湛江等地，传统上就有种植菠萝蜜等木本粮食以防灾荒年的传统，农村四旁（宅旁、村旁、路旁、地旁）及院内多有菠萝蜜等木本粮食作物种植，笔者认为无论从粮食安全预备灾年，还是丰富人民饮食或者城市和农村绿化而言，大力发展热带木本粮食作物都具有重要的现实意义。

大力发展热带木本粮食作物产业符合国家农业产业发展政策。粮食安全始终是关系我国国民经济发展和社会稳定的全局性重大战略问题。鉴于粮食作物在我国农业的重要地位，国家"十三五"规划建议提出，坚持最严格的耕地保护制度，坚守耕地红线，实施"藏粮于地、藏粮于技"战略，提高粮食产能，确保谷物基本自给、口粮绝对安全。

大力发展热带木本粮食作物产业符合我国关于"优化农业生产结构和区域布局，树立大食物观，面向整个国土资源，全方位、多途径开发食物资源，满足日益多元化的食物消费需求""大力发展热作农业、优质特色杂粮、特色经济林"等科技政策要求。此外，随着市场经济的发展，人们对各种名优稀特色杂粮的需求与日俱增。菠萝蜜、面包果和尖蜜拉是特色的热带木本粮食作物，属特色杂粮，产业发展及销售量正呈逐年递增趋势，经济价值高，具有很好的开发潜力和市场前景，有望成为热带山区农民脱贫致富的新途径。

《菠萝蜜 面包果 尖蜜拉栽培与加工》一书，由中国热带农业科学院香料饮料研究所（以下简称"香饮所"）谭乐和研究员主编；吴刚负责菠萝蜜、面包果品种分类、种植技术等章节编写；胡丽松负责尖蜜拉生物学特性、品种分类等章节编写；白亭玉负责尖蜜拉种植技术等章节编写；刘爱勤负责病虫害部分编写；桑利伟负责病害章节编写；孙世伟负责菠萝蜜虫害章节编写；孟倩倩负责菠萝蜜虫害章节的补充及尖蜜拉、面包果虫害章节编写；贺书珍负责菠萝蜜收获和加工章节编写。

书中系统介绍了热带木本粮食作物菠萝蜜、面包果、尖蜜拉的发展历史、生物学特性、主要品种、种植技术、病虫害防治以及加工等基本知识，既有国内外研究成果与实践经验的总结，也涵盖了香饮所在这方面的最新研究成果，具有技术性和实用操作性强、图文并茂等特点，可为广大热带木本粮食作物种植者、农业科技人员和院校师生查阅使用，对我国发展菠萝蜜、面包果、尖蜜拉的商品生产具有一定指导作用，对加快热带木本粮食作物产业科技进步，促进农业增效、农民增收以及产业可持续发展具有重要现实意义。

本书是在中国热带农业科学院香料饮料研究所系统研究成果并参考国内外同行最新研究进展基础上编写的，编写过程中得到其他有关单位的热情支持，在此谨表诚挚的谢意！感谢香饮所符红梅、秦晓威、郝朝运在本书编写及出版过程中给予的无私帮助。由于水平所限，难免有错漏之处，恳请读者批评指正。

编　者

2017 年 5 月

目　录

前言

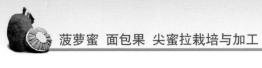

第一篇

菠萝蜜栽培与加工

第一章
菠萝蜜概述

　　菠萝蜜既是特色热带木本粮食作物，也是特色热带水果，素有"热带珍果"之称。原产于印度，广泛分布于亚洲热带地区，主产国有印度、孟加拉国、马来西亚、印度尼西亚、越南、斯里兰卡、菲律宾等，肯尼亚、乌干达、坦桑尼亚、巴西、牙买加、美国（佛罗里达州南部和夏威夷）、澳大利亚也有少量种植。根据国外菠萝蜜研究学者从亚洲各主产国收集的资料显示，印度为世界最大菠萝蜜生产国，种植面积为10.2万公顷，产量为143.6万吨；孟加拉国产量为92.6万吨，泰国为39.2万吨，印度尼西亚为34万吨，马来西亚为11.2万吨。

　　我国栽培菠萝蜜已有一千多年的历史，现海南、广东、广西、云南、福建、台湾和四川南部的热带、南亚热带地区均有栽培，以海南省种植最多。据明代《琼州府志》记载："菠萝蜜树自肃梁时西域过司空携子二枚栽于南海庙……他处皆自此分布"，"菠萝蜜有干、湿苞二种，剖之若蜜，其香满室。出临高者佳。间有根结地裂香出尤美"。这些说明，海南引种菠萝蜜至少已有五百年以上。菠萝蜜早已成为海南重要的热带木本粮食及特色果树品种。

　　菠萝蜜果实中含有丰富的糖分和蛋白质，芳香味甜，营养价值高，是很有特色的热带珍果（图1-1）。明代李时珍在《本草纲目》中记载："菠萝蜜生交趾南番诸国，今岭南、滇南亦有之。内肉层叠如橘，食之味至甜美如蜜，香气满室。瓢甘香微酸，止渴解烦，醒酒益气，令人悦泽。核中仁，补中益气，令人不饥轻健。"菠萝蜜种子平均粒重约10克，一个果实通常有百颗种子，单株每年可产种子30千克。种子富含淀粉，煮食或炒食，味香如芋，可作粮食代用品，是南方的木本粮食果树，对备荒有一定作用。未成熟果实可作蔬菜，储藏发酵后又是上等家畜饲料；成熟果实香味浓郁，甜酸适口，除鲜食外，还可制成果干、果汁、果酱、果酒、蜜饯等食品。

菠萝蜜树全身都是宝。成年树干心材坚硬黄色，纹理细致、美观、耐腐，施

图1-1　菠萝蜜果实

工容易，是制作高级家具的好材料。树根可制作珍贵木雕。木屑可制作黄色染料，为佛门弟子染黄色袈裟用。树叶、果皮可作家畜、鱼的饲料。树液可治皮肤溃疡及胶着陶器。叶磨粉加热，可敷创伤。果肉富含糖分及维生素C等，可食率40%左右。可食部分每100克含碳水化合物24.1克，以及钙、磷、铁等元素。有止渴、通乳、补中、益气的功效。

菠萝蜜种植管理粗放，对地力要求不严，植地由过去种植在房前屋后、村庄边缘，扩展到公路两旁的行道、山坡林带和集中连片种植，成为我国热区发展速度最快、种植最普遍的热带果树之一。一般在乡村的房前屋后或道路两旁或防护林种植，可分散

栽培或成片开发，植后3～5年便可收获，第6年进入盛果期，平均单株结果30～100个，单果重10～20千克，为投资少、见效快的热带果树。菠萝蜜在海南省兴隆地区表现粗放栽培亦能丰产，经济寿命长，植后4～5年便开始结果，一般单株年产鲜果达200千克左右，其中鲜种子30千克。一般单个鲜果重约10千克，最大可达40千克，高产树株产可达500千克。生产上菠萝蜜分为干苞和湿苞两大类型，以种植干苞类型为多。

自1999年，海南儋州西联农场从马来西亚、泰国引进菠萝蜜品种进行试种，并从中筛选出适于本地栽培的马来西亚1号品种（琼引1号），它具有栽种18个月便可挂果、产量高、果大肉厚且四季挂果等优点。目前西联农场种植该品种的面积达333公顷以上，已进入盛产期，经济效益显著。并以该农场为中心，呈辐射分布在海南东和、东升、岭头、新中、红明、南海、三道等国有农场推广种植，万宁市东和农场已种植建立几十公顷优良菠萝蜜示范基地，生长结果良好；南海农场计划打造中国最大的优质万亩*菠萝蜜产业核心基地，2013年该农场已种植马来西亚菠萝蜜433.3公顷。由于该品种见效快，盛产期产值较高，深受群众欢迎，万宁、琼海、文昌等地农民大量垦荒种植，或在槟榔园、胡椒园间作马来西亚菠萝蜜。广东高州、茂名、阳东等地菠萝蜜种植也发展迅速，并建立多个菠萝蜜种植示范基地，成片种植面积达2 666～3 333公顷。海南、广东菠萝蜜产业发展迅速，并涌现出一批菠萝蜜种植致富户，如海南琼海东升农场潘兴海、广东高州华丰无公害果场谭统华等。据不完全统计，目前我国菠萝蜜种植面积约1.67万公顷，其中海南省菠萝蜜种植面积约1.33万公顷。随着我国旅游业的发展及人民生活水平的提高，市场对菠萝蜜的需求越来越大，特别是鲜果芳香味甜，很多游客喜食，销量有逐

---

* 亩为非法定计量单位，15亩＝1公顷。——编者注

年增长的趋势。因此，发展菠萝蜜生产具有很大的市场潜力。

在菠萝蜜研究方面，中国热带农业科学院香料饮料研究所谭乐和研究员牵头的研究团队研究制定了农业行业标准《木菠萝 种苗》（NY/T 1473—2007）、《植物新品种DUS测试指南 木菠萝》（NY/T 2515—2013）、《木菠萝栽培技术规程》（NY/T 3008—2016）、海南省地方标准《菠萝蜜主要病虫害防治技术规程》（DB46/T 320—2015），为菠萝蜜种苗标准化繁育、生产的规范化和新品种保护起到积极的推动作用。此外，系统开展了海南菠萝蜜种质资源调查与评价、菠萝蜜种质资源遗传多样性的SRAP分析、菠萝蜜高产园土壤养分特征分析、菠萝蜜主要病虫害调查与鉴定、菠萝蜜系列食品研发与中试、果脯加工等研究；发表论文《兴隆地区菠萝蜜种质资源评价与开发利用研究》《菠萝蜜种质资源遗传多样性的SRAP分析》《菠萝蜜高产园土壤养分特征研究》《木菠萝果腐病中一种新病原菌的分离与鉴定》《Transcriptome and Selected Metabolite Analyses Reveal Points of Sugar Metabolism in Jackfruit（*Artocarpus heterophyllus* Lam.）》等30余篇，出版著作《菠萝蜜种植与加工技术》《菠萝蜜高效生产技术》2部；获授权发明专利"一种菠萝蜜糖果的制作方法""一种菠萝蜜果酱及其制作方法""一种菠萝蜜种子五香罐头及其制备方法"等9项；新开发的冻干果片、菠萝蜜派、菠萝蜜西饼等已上市销售，提高了产品科技含量与附加值，延伸了产业链，对发展海南特色旅游和特色产品大有裨益。

随着人民生活水平的提高，对特色杂粮、特色水果要求已日趋多样化，对热带木本粮食作物产业、水果业种植结构作一定调整是很有必要的。在我国热带、南亚热带地区，适当发展菠萝蜜生产，既可满足市场需求，也可为热区农民提供一条致富之路。

第二章
菠萝蜜生物学特性

　　菠萝蜜，学名 *Artocarpus heterophyllus* Lam.，英文名 jackfruit，又名木菠萝、树菠萝，为桑科（Moraceae）木菠萝属（*Artocarpus*）常绿乔木，高10～15米，树冠圆头形或圆锥形。树干灰白色至灰褐色，嫩枝有茸毛，幼芽有盾状托叶包裹，托叶脱落后在枝条上留下环状托叶痕。叶互生，革质，椭圆形或倒卵形，长约13.0厘米，宽约6.0厘米，全缘，幼枝上的叶常1～3裂。花序着生于树干或枝条上，雌雄同株异花。雄花序顶生或腋生，棒状。雌花序棒状较大，表面颗粒状，生于树干或主枝上，偶有从近地表的侧根上长出。成熟聚花果长30～80厘米，横径25～50厘米，平均果重10～20千克，最大的可达40千克以上。果皮有六角形瘤状突起，聚花果内由多个经受精发育膨大的花萼和心皮构成果苞，生于肉质的花序轴上，不受精或受精不完全的雌花花被呈带状，常附在果苞外，苞内有由心皮发育成的瘦果，内有种子1枚。主干在低位分枝，幼树断干则萌发大量侧枝，形成圆头形矮化树冠。结果部位多在树干和主枝上（图1-2），树冠内小枝很少结果。高产植株短果枝比例大，短果枝坐果通常3～4个；长果枝坐果1～2个，但果形端正而丰满。实生苗栽植7～8年后进入结果期，嫁接苗栽植2～3年后进入结果期。立春前后开花，雄花先开，14:00～15:00开花，15:00～16:00散发花粉，花后3～6天完成授粉受精，果实生育期约120天。有些树年开花结果2次，也有2年3次的。风媒传粉，异花授粉坐果率75%左右。在一雌花序中，受精花数多且分布均匀，则果实形正而大；如受精花数少且分布不均，则发育成畸形果。一雌花序中，受精花数多少常决定果实产量和质量。

图1-2　菠萝蜜结果树

　　菠萝蜜属热带植物，高温多雨的环境对植株生长和果实发育有利，稍耐寒、耐旱，潮湿山区的斜坡生长最好。海南岛冬季植株极少发生寒害。花期晴天有利授粉，遇5℃以下低温、阴雨及浓雾天气，会引起落花落果；久旱无雨导致小果脱落或果实发育停止，苞小、肉薄、味淡。微风对生长有利，并能减少病虫害发生。强风易折枝，引起强烈分枝，进而影响翌年结果。菠萝蜜对土壤要求不严，但以土层深厚、肥沃、排水良好的土壤生长结果良好。不耐水浸，村庄周围的小气候环境对其生长有利。

第一节　形态特征

一、植株

菠萝蜜是一种多年生的典型热带果树，树龄可长达几十年。菠萝蜜树形高大，很容易识别。其树干高度可达25米，通常高10～15米。有强大的中央主干，低分枝，树冠呈圆头形或圆锥形。树干直径可达80厘米。成年树的树皮灰褐色。在植地潮湿、荫蔽度大的环境下，树干布满地衣、抱树莲之类的附生植物。壮年和老年树树皮纵横裂，树干上布满瘤状突起"果台"，木栓层红褐色或紫红色。

菠萝蜜幼龄树树皮光滑，呈灰白色。菠萝蜜小枝条圆柱形、嫩枝有短茸毛，成熟枝光滑，有许多皮孔和环状的斑痕。枝条质脆，不抗风。幼树折断或切断主干后则能萌发强大的侧枝，构成矮化圆形的树冠。菠萝蜜树有许多树权，树叶繁茂。树大招风，但也有挡风遮雨作用。

二、根

菠萝蜜树干高大挺拔，主要靠强大的根系支撑。其根系是由主根和侧根组成，主根明显，因此可以种植在水位较低的地方。菠萝蜜靠根端根毛吸取所需的水分和养分。老树常有板根。裸露地表的侧根、主根上有时也能结果。

三、叶

菠萝蜜树叶属单生叶，互生，交叉重叠。叶革质，椭圆形或倒卵形，长7～15厘米，宽3～7厘米，先端尖、基部楔形，全缘。叶面和叶背的颜色略不同：叶表面光滑，绿色或浓绿色；叶背面粗糙，淡绿色。幼树及萌枝的叶常1～3裂，无毛。侧脉6～8对。叶柄长1～3厘米，被平伏柔毛或无毛，叶柄槽深或浅。幼芽有盾状托叶包裹，托叶脱落后，在枝条上留下环状的托叶痕。

四、花

菠萝蜜花序着生于树干或枝条上，雌雄同株异花。

雄花序顶生或腋生，棒状，长5～7厘米，直径2.5厘米（图1-3）。在棒状花序轴上四周长满密集的雄花。雄花很小，长不及3毫米，结构简单，只有2枚合生的花被和1枚雄蕊（图1-4）。开花时，只是花丝伸长将白色花药推出花序的外围。菠萝蜜的雄花序没有鲜艳的色彩，也没有芬芳的香味。如果不留意，是觉察不出它在开花的。

图1-3　菠萝蜜雄花序

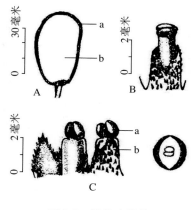

图1-4　雄花序结构
A.雄花序纵剖面　a.雄花　b.花序轴
B、C.雄花　a.雄蕊　b.花被

雌花序生于树干或主枝上，偶有从近地表面的侧根上长出，也呈棒状（图1-5），比雄花序略大。幼小的雌花序深藏在佛焰苞托叶内。雌花也很小、管状，数千朵雌花聚生于肉质的雌花序

轴。雌花的花被绿色、坚硬多角形，花被合生呈管状。各枚花被
管的下半部彼此合生，子房包藏于花被管的基部，很小，卵形，
1室，内有1个顶生胚珠；花柱细长，开花时穿过花被管伸到花序
的外围（图1-6）。菠萝蜜授粉率低，通常每个雌花序有6 000朵
以上的小雌花，而能受精发育为果苞者在150 ～ 600朵，授粉率
2.5% ～ 10%。

图1-5　菠萝蜜雌花序

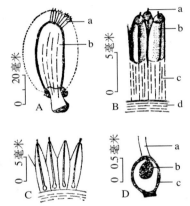

图1-6　雌花序结构

A.雌花序纵剖面　a.雌花　b.花序轴

B.雌花　a.花柱　b.花被管　c.花被
管合生部分　d.花序轴

C.雌花剖面，表示花被管和雌蕊

D.雌蕊（部分）　a.花柱（部分）b.胚
珠　c.子房

五、果实与种子

菠萝蜜开花后4 ～ 5个月，果实才会成熟。菠萝蜜经风媒或
虫媒授粉后，子房和花被迅速增大，形成果实。菠萝蜜果实是
由整个花序发育而成的聚花果（复合果），椭圆形。一般果实长
25 ～ 50厘米，横径25 ～ 50厘米，平均果重10 ～ 20千克，最大
的可达40千克以上。果实表面有无数六角形的锥状突起，形似牛

胃，所以云南、四川等地称之为"牛肚子果"。又因外形似菠萝，且长在树上，故又被称为"木菠萝""树菠萝""大树菠萝"。

　　菠萝蜜果实中间有肥厚肉质的花序轴，四周长满椭圆形果苞和无数的白色扁长形带片（图1-7）。果苞多为鲜黄色，偶有橙红色或黄白色（图1-8）。受精的花发育成果苞（为食用部分）。当子房增大时，子房外面的花被变成肥厚的肉质，而那些扁长形带片就是未受精或受精不完全的雌花被，也称为腱、筋或丝。果苞与带片相间而生。整个聚花果的外皮厚约1厘米，是由各枚花被管原生部位发育成的。外果皮上每一个六角形突起即为一朵花的范围。

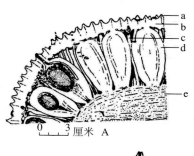

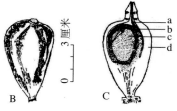

图1-7　菠萝蜜果实结构

　A.聚花果部分剖面　a.六角形突起　b.外皮　c.扁长形带片（不育花）d.果苞（结实花）

　B.果苞

　C.果苞剖面　a.花柱　b.果皮　c.种子　d.花被

黄苞

红苞

图1-8　果苞颜色

我们食用的菠萝蜜果肉，实际是它的雌花花被。每个果苞（瘦果）中含有1粒种子。种子多为肾形，也有圆筒形或圆锥形（图1-9），这些特征也可以作为鉴别不同品种的依据。子房壁发育成瘦果的果皮，包裹着种子。

　　种子的种脐和种孔侧生，无胚乳（图1-10）。种皮有两层。外种皮呈膜状，白色。湿苞菠萝蜜外种皮软，不易与种子分离。内种皮呈黄褐色或浅棕黄色，有不规则纹脉。子叶2枚，一般一大一小，少有等分者。子叶肥厚，富含淀粉。平均单粒种子鲜重6.0～10.0克。菠萝蜜种子绝大多数为单胚，仅个别为多胚。

图1-9　菠萝蜜种子

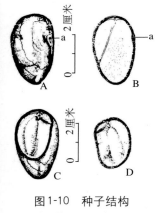

图1-10　种子结构
A.种子外形　a.种孔
B.种子剖面　a.种孔
C、D.两片子叶剥离时的种子

第二节　开花结果习性

　　在海南，大多数菠萝蜜树于2月上旬萌发花芽。一般雄花先开，雌花后开。6月下旬果实成熟。果实生长发育期100～120天，在同一株树上，每个果实成熟期极不一致。早开花早成熟，迟开花迟成熟。不同品种间也有差异。早熟品种1月开花，6月上旬成熟；迟熟品种4月上旬开花，7月下旬成熟。有一个品种果农俗称四季菠萝蜜，则有开两次花、结两造果的习性。即2月上旬开花、5月下旬成熟和7～8月开花、11～12月成熟。即所谓大春果和小春果（二造果）。个别四季菠萝蜜品种开花结果习性不稳定，即有些年份有两造果，有些年份为单造果。但如果摘掉幼果，就能第二次开花，结小春果；如果留熟果多（留在树上生理成熟），便不能结小春果。这种现象，从植株营养物质的积累和消耗来分析有一定道理的。根据在海南的观察，纬度越向南，开花结果时间越早，如海南的主栽品种马来西亚1号（琼引1号），在海南乐东、保亭等地区，第一批菠萝蜜果实3月中下旬便可开始陆续采摘上市，而文昌、琼海一带一般要5月或6月果实才开始成熟。由于海南各地纬度以及小气候条件不尽相同，果实成熟期也不同，自然四季有果，长年不断供应市场。

根据观察，一株菠萝蜜树上结果部位多集中在树干及主枝上。至于近地表的侧根上偶尔也能结果。种在村边土壤肥沃、空间较大的壮年菠萝蜜树，生长茂盛，分枝多，侧枝、主枝强大，主枝上挂果往往多于主干上。这说明，强大的主枝是高产树的基础。从花枝类型来看，一般短果穗坐果率高，每个果穗通常3～4个果，结6个果以上的果穗也很常见。长果穗的果柄较长，最长有60厘米，坐果率低，每个果穗一般只有1～2个果，少有3～4个果。但长果穗对果实发育较有利，一般果形端正、丰满，畸形果少。在高产植株中，短果穗占很大比例。

第三节　对环境条件的要求

菠萝蜜属热带果树。它们生长发育地区仅限于热带、南亚热带地区。生长条件受各种环境因素支配与制约，其中主要影响因素有地形、土壤条件和气候条件等。

一、地形

海拔高低影响了气温、湿度和光照强度。每一种植物都需要有不同的生态条件。地势高度引起的因素变化导致植物的多样性。

对于菠萝蜜来说，海拔高度在1～200米的地区是较理想的种植地。虽然如此，菠萝蜜在海拔高度1 300米的地方也生长良好，发展前景广。

二、土壤条件

菠萝蜜对土壤的选择不严格，甚至土壤遭受破坏十分严重的条件下，仍然能存活下来，它是一种抗旱能力较强的果树。虽然如此，菠萝蜜生长的理想土壤是土质疏松、土层深厚肥沃、排水良好的轻沙质土壤，这种土壤条件最适合它们生长。在海南，选择丘陵地区的红壤地、黄土地或沙壤土地种植也适宜。

要重视土壤酸碱度（pH）。土壤pH在一定程度会影响土壤养分间的平衡。菠萝蜜适宜的土壤pH为6～7。可用pH检测仪来检测土壤酸碱度，或者使用更简便的石蕊试纸就地检测。在该果树种植区的土壤pH在6以下（即酸性土），就要在土壤中增施生石灰以中和土壤酸度，一般每立方米植穴内施用1千克生石灰或石灰岩。如果土壤呈碱性（pH在7以上），就要施用硫黄以中和土壤碱性，一般用量为每立方米植穴土施1千克硫黄。

土壤水位高低至关重要。虽然菠萝蜜跟其他作物一样都需要水分，但菠萝蜜只能种在土壤水位1～2米的地区，绝不能种在沼泽地。

总之，只要上述主要条件得到满足，菠萝蜜就可以在任何土壤中正常生长结果。

三、气候条件

影响菠萝蜜生长的气候条件有降水量、光照、温度、湿度、风等。

水是植物进行光合作用的基本条件。菠萝蜜生长过程需要充足的水分，雨水不足时需要灌水。在主产区的海南东南部以及广东的茂名、湛江等地区年平均降水量在1 600毫米以上，其中海南万宁兴隆的年平均降水量可达2 500毫米，菠萝蜜生长良好。海南西南部的东方，年降水量在1 000毫米左右，也可种植，但雨水不足时需要灌溉。以年降水量在1 600～2 500毫米且分布均匀者为好。

菠萝蜜和其他作物一样需要阳光，但光照过强又一定程度上会影响其生长，尤其幼苗忌强烈光照。但如果长期在过度荫蔽的环境中生长，由于光照不足，会导致植株直立、分枝少、树冠小、结果少、病虫害多。适当的光照对植株生长及开花结果更有利。因此，在栽植时种植密度要适宜，应留有适当的空间，以满足植株对光照的需求。

温度在菠萝蜜生长中也起着重要作用。在海南和广东，有些年份会遭遇寒流的侵袭或霜冻。根据观察记录，2013年12月至2014年1月底，广东阳江、茂名、高州和化州等地在11月中旬、12月中旬和翌年1月中旬连续遭遇3次6～8天不同程度的3～10℃低温，致使当地菠萝蜜大量落花和落果；海南海口、琼海地区在12月和1月也受到2次8～12℃低温的侵袭，这批花果几乎全部掉落或发育的果实不正常。2016年1月底至2月底，海南菠萝蜜主产区也遭遇罕见寒害2～3次，每次2～4天的9～18℃低温，海南此时刚好又是菠萝蜜开花和小果发育时期，引起菠萝蜜生产上大量落花和落果，有些局部叶片受寒害而发黑。气温骤然下降幅度过大或日夜温差变化过大，都不利于菠萝蜜的花果正常生长发育，影响其品质和风味。在南亚热带南区，最冷月平均气温12～15℃，绝对最低温0℃以上，可正常生长结果。

　　此外，空气湿度和风等气象因子也影响菠萝蜜生长。高湿减少土表蒸发，微风有利于果树传粉。大风甚至台风，会使菠萝蜜叶片大量掉落，枝干折断。因此，规模化种植时，还须考虑营造防风林带。

　　据调查，凡是种在村边房屋周围的菠萝蜜实生树，生长快、枝叶茂盛，植后7～8年开始结果，早的4～5年就开始结果（嫁接苗2～3年结果），且产量高、品质优；而种在沿海沙土地带或远离村庄、荫蔽度大、瘦瘠山坡上的菠萝蜜，则生长慢、长势差、病虫害多、结果迟、产量低、品质劣。针对以上现象，农民常采用施食盐或熏烟等措施促使菠萝蜜开花结果。笔者认为，菠萝蜜的长势好坏与生态环境因素中的土壤是否肥沃、环境是否荫蔽、空气中二氧化碳含量多少、土壤中氯化钠及其他微量元素多少密切相关。

第三章
菠萝蜜分类及其主要品种

第一节 分 类

一、国内分类

在我国，菠萝蜜分为干苞和湿苞两大类型。它是依据果实种苞的品质和成熟后所含水分多少分类的。干苞的主要特征：植株生长较慢，结果较迟；果实发育期较长，迟熟，一般大春果要120天以上成熟；果熟时果皮较硬，手压不易陷下，有弹性，不用刀很难剖食，苞与中轴不易分离；苞肉水分少，质地硬结成块、肉质爽脆（故又有硬苞之称）；瘦果皮革质，包于种子外面；果实生理成熟时香气浓，苞肉味甜而香，吃之不厌，但不易消化，群众有干苞性燥热不宜多吃的说法；种子含淀粉少，熟食香味淡。湿苞的主要特征：植株生长较快，枝叶茂盛，结果较早；果实发育期稍短，一般大春果在100～120天成熟；果熟时皮软，手压之易陷下，徒手可以剖食，苞与中轴易分离，树上过熟时常常整个果实自行脱离中轴坠地；苞肉水分多，质地软滑，味清甜，香味淡，吃之易消化；瘦果皮极薄而松软，与种苞不易分离；种子含淀粉较多，熟食味香。上述性状是稳定的，也是鉴别菠萝蜜干苞和湿苞两大类型的主要依据。

在干苞和湿苞两大类型中，人们又根据其花期及结果习性分双造菠萝蜜和单造菠萝蜜。双造菠萝蜜花期两次：正造花在立春前后开花，夏至至大暑前后成熟；二造花立秋前后开花，冬至至小寒前后成熟。由于全树花期较长，一年四季有果，故农民称之为四季菠萝蜜。单造菠萝蜜立春开花，夏至至大暑前后成熟。人们认为四季菠萝蜜与气候营养条件有关。因此，有些植株表现性状不稳定，即有些年份为双造果，有些年份为单造果。

苞腱（筋），即不发育的苞。其颜色与质地也是人们鉴别菠萝蜜品种的标准。在干苞与湿苞两大类型中都有黄苞黄腱（或称金苞金腱）、红苞红腱、白苞白腱（实则是浅黄色苞白腱），其中以黄苞黄腱品质最好，红苞的则是卖相好。此外，干苞中有苦苞（幼果煮食味苦）、刺苞、生米苞、松苞之别，但为数极少，可能是个别特殊变异现象。有的产区农民还把干苞分籼米和糯米两种，湿苞中还有硬腱（腱与苞可以截然分离）、烂腱（腱与苞很难分辨）两种。

从树形、果形及植株外表性状上，目前还没有发现明显的、截然可分的界线，人们也普遍不能区分，干苞与湿苞两大类型共同分布于主要产区。由于长期人工选择的结果，以及人们喜爱不同，有的地区干苞种较多，有的地区则湿苞种较多。

在选择优良母树时，以果皮颜色作为第一入选标准，一般为青皮品质好，黄皮次之，褐皮、棕皮者列为下等。

总之，在菠萝蜜的两大类型中，其果皮颜色、苞腱颜色、开花结果习性是鉴别母株果实品质优劣以及果树丰产性的重要标准，是选种工作中不可忽视的条件。

二、国外分类

国外对菠萝蜜的品种类型分类与我国相似，基本上也分为两大类型，一类为软肉型（soft flesh，soft jackfruits），另一类为脆肉类（firm flesh，hard jackfruits）。

在不同国家或地区，菠萝蜜类型又有不同的名称。泰国称为kha-nun nang（肉硬）和kha-nun（肉软）。斯里兰卡称为varaka 或

waraka（肉硬）和vela（肉软）。在印度南部，菠萝蜜通常分为两类：（1）koozha pazham，为商业上较为重要的一类，其优质的脆肉被称为varika；（2）koozha chakka，果苞小，果肉软、浓粥状、具纤维，但非常甜。亦有称为kapa或kapiya（肉脆）和berka（肉软、甜）。在孟加拉国，菠萝蜜则分为三种类型：硬肉（hard）、软肉（soft）和中间类型（intermediate或adarsha）。在印度尼西亚各地，根据菠萝蜜产地环境、果树树形高低、果实形状大小、果皮果肉颜色、口感、肉苞、肉丝（苞腱）可食与否等性状上的异同，将菠萝蜜分为14个品种（或栽培变种），例如果实外形小的迷你菠萝蜜（nangka mini）或超级迷你菠萝蜜（nangka mini super）、大果中肉苞像姜黄色的姜黄菠萝蜜（nangka kunir）、产自森林边缘的山菠萝蜜（nangka hutan）、肉厚的nangka kandel、变异种类似尖蜜拉的尖蜜拉型菠萝蜜（nangka champedak）等。

综上所述，目前国内外对菠萝蜜品种的分类，还只是停留在依据果形、果肉品质等性状来区别，尚未有微观的生物学形态鉴定标准。关于如何更科学地对菠萝蜜进行品种和品系的分类，科研部门正在开展这方面的研究。

第二节　主要品种

在国内，系统开展菠萝蜜的选育种研究较少，选育的品种不多。但自20世纪90年代以来，我国华南地区的海南省、广东湛江等地，陆续引种和选育了一些优良菠萝蜜品种，如广东省茂名市水果科学研究所已选育出常有菠萝蜜品种，高州市华丰无公害果场引进选育了四季菠萝蜜品种。我国海南从马来西亚等热带国家引种的优良品种主要包括马来西亚1号、马来西亚3号、马来西亚5号、马来西亚6号等。这些菠萝蜜品种果肉较厚、香甜爽脆，海南省已建立多个规模化种植示范基地，经济效益显著。目前马来西亚1号（琼引1号）已成为海南省菠萝蜜主栽品种，常有菠萝蜜、四季菠萝蜜是广东茂名、高州、阳东等地区的主栽品种。国外开展菠萝蜜选育种研究则较早，也较系统，选育的优良品种较多。

下面简要介绍国外主要优良品种、国内引种栽培的主要品种及香饮所自主选育的品系（株系）。

一、国外主要优良品种

1. J—30　马来西亚选育。果肉深橙黄色，质地硬，风味浓甜，清香，可食率38%。

2. J—31　马来西亚选育。果肉深黄色，质地硬，风味甜，具有浓郁的香味，可食率36%。

3. Mastura（CJ—USM 2000）　马来西亚选育。为CJ-1（母本）×CJ-6（父本）的杂交种。单果重40千克，刺钝，成熟时果肉多汁，风味浓香，1.5年开始结果，5年后进入盛产期，年株产可达400～500千克。

4. NS1　马来西亚选育。果肉暗橙黄色，质地硬，风味甜，香气浓郁，可食率34%。

5. Chompa Gob　泰国选育，曾是泰国最好的品种。果肉橙黄色至深橙黄色，质脆，味香甜，果胶少而易于食用，可食率30%。

6. Dang Rasimi　泰国选育。果肉深橙黄色，质地硬，稍甜，有清淡的甜香味，可食率32%。

7. Leung Bang　泰国选育。果肉黄色，质地硬，风味甜香。

8. Bali Beauty　印度尼西亚的巴厘岛选育。果肉暗橙黄色，肉质中等硬，风味优，甜。

9. Tabouey　印度尼西亚选育。果肉淡黄色，质地硬，稍甜，香味很淡，可食率40%。

10. Black Old　澳大利亚的昆士兰选育。果肉橙黄色至深橙黄色，质地中等硬，风味甜，浓香，化渣，品质好，可食率35%。

11. Cheena 澳大利亚选育。该品种是菠萝蜜和尖蜜拉（Champedak）的自然杂交种，果肉橙黄色，质地软，化渣，有稍许纤维感，品质优，香气浓郁，可食率33%。

12. Cochin 澳大利亚选育。果肉黄色至橙黄色，质地硬，稍甜，香味淡，果胶少，可食率35%～50%。

13. Gold Nugget 澳大利亚的昆士兰选育。果肉深橙黄色，质地软至中等硬，化渣，风味优，可食率41%。

14. Honey Gold 澳大利亚的昆士兰选育。果肉深黄色至橙黄色，质地硬，有浓郁的甜香味，可食率36%。

15. Lemon Gold 澳大利亚的昆士兰选育。果肉柠檬黄色，质地硬，风味甜香，可食率37%。

16. Singapore 新加坡选育。果肉暗橙黄色。纤维性，肉脆，极甜，风味浓郁，品质优，能在1.5～2.5年结果，高产稳产。

17. Sweet Fairchild 美国佛罗里达从Tabouey的实生苗中选育而成。果肉淡黄色，质地硬，风味淡甜。

二、国内引种栽培的主要品种

1. 马来西亚1号（琼引1号） 果实长椭圆形，单果重20～30千克，产量高。经在海南10余年的试种发现，该品种生长适应性广，抗性强，产量高。味香肉甜，四季均有结果。嫁接苗植后1.5年就可开始开花结果。目前该品种已成为海南省菠萝蜜商品生产的主栽品种（图1-11）。

图1-11 马来西亚1号

2.马来西亚3号 该品种果形大而圆，果苞大，果肉厚，含糖汁多，果腱可食，风味好（图1-12）。但该品种不耐干旱。

图1-12 马来西亚3号

3.马来西亚5号 果苞红色，香味浓，香甜爽脆，单果重10千克左右（图1-13）。

图1-13 马来西亚5号

4.马来西亚6号 果苞粉红色,果肉较厚,花序轴呈海绵状,单果重一般10千克左右。该品种不耐储藏。

5.常有菠萝蜜 广东省茂名市水果科学研究所选育。果肉金黄色,甜脆,有香味,皮薄、苞多,可食率高,果肉无黏胶,食用不粘手,平均单果重3 ~ 5千克,丰产稳产性能好。嫁接苗种后2 ~ 3年开始开花结果,3年生树平均株产20千克,5年生树平均株产82千克。经2000—2007年多点试种,表现早结、丰产、优质、无胶、迟熟、性状稳定(图1-14)。

图1-14 常有菠萝蜜

6.四季菠萝蜜 广东高州华丰无公害果场从国外引进。果肉浓香爽脆、干苞皮薄,果苞厚,可食率高。嫁接苗种后2 ~ 3年开始结果,单果重10 ~ 20千克,四季结果(图1-15)。

图1-15 四季菠萝蜜

三、香饮所自主选育的品系（株系）

1.香饮所2号 香饮所从本地实生树中选育出来的优良单株。果实椭圆形，果皮颜色为青绿色，干苞皮薄，果苞厚，果肉橙黄，质地软，单果重7.5～12千克，可溶性固形物含量23%～26%（图1-16）。

图1-16 香饮所2号

2. 香饮所3号 香饮所从本地实生树中选育出来的优良单株。果实椭圆形，果皮颜色为黄褐色，干苞，果苞厚，果肉金黄，单果重12 ~ 15千克，平均可溶性固形物含量24.2%，盛果期产量可达300千克以上（图1-17）。

图1-17 香饮所3号

3. 香饮所11号 香饮所从本地实生树中选育出来的优良单株。果实近圆形，果皮颜色黄色，干苞皮薄，果苞厚，果肉金黄，质地丝滑，香味浓郁，单果重9 ~ 12千克，平均可溶性固形物含量25.6%。嫁接苗定植3年可首次开花结果（图1-18）。

图1-18 香饮所11号

4. 香饮所12号　香饮所从本地实生树中选育出来的优良单株。果实椭圆形，干苞，果苞厚0.3厘米，果肉深黄，果肉口感丝滑，香味浓郁，平均可溶性固形物含量28.6%，具有本地菠萝蜜特有香味，极甜。嫁接苗定植3～4年可开花结果。

5. 香饮所17号　香饮所从种子实生树中选育出来的优良单株。果实椭圆形，长28厘米、宽18厘米，单果重4～5千克，干苞，果肉玫瑰红色，具有独特的榴莲味道，香味浓郁，平均可溶性固形物含量27.8%，且耐储藏。嫁接苗定植3～4年可开花结果（图1-19）。

图1-19　香饮所17号

第四章

菠萝蜜种植技术

第一节　育　苗

菠萝蜜常用的繁殖方法包括有性繁殖与无性繁殖。

有性繁殖又称播种繁殖。此法简单易行，农民多采用其繁殖苗木。但有性繁殖所生产的苗木遗传因素复杂，变异性大，植后难保其有母本的优良性状，故大面积商业生产一般不用有性繁殖产生的实生苗（或种后再嫁接良种接穗）。

无性繁殖就是利用优良母树的枝、芽来繁殖苗木。用此法繁殖的苗木遗传因素单一，能保持母树的优良性状（如高产、优质、抗性强等性状）。无性繁殖包括嫁接、空中压条、扦插与组织培养等方法，目前大规模商业生产主要采用嫁接方法繁殖良种苗木。

一、播种育苗

这是菠萝蜜育苗中最基础的方法。无论是培育实生苗木或嫁接砧木，都要通过播种育苗过程。播种育苗有如下步骤。

（一）选种

1. 选树　选择生长势壮旺、结果3年以上、高产稳产、优质、抗逆性强的母树采果。

2. 选果　选择树干中下部、发育饱满、果形端正、果皮瘤状物稀疏、充分成熟的早熟夏至果。

3. 选苞（瘦果）　干苞类型选择果实顶部的果苞取种。湿苞类型选择果蒂附近、发育饱满、端正、肉厚的果苞取种。

4. 选种子 一般应选择发育饱满、充实、扁圆形的种子。这类种子播种后生长快，结果多，寿命长。如果选用圆筒形、顶尖（近圆锥形）的种子或发育不饱满、畸形的种子播种育苗，植后往往不结果，有种无收，因此不宜选用这类种子。

（二）育苗

菠萝蜜种子寿命短，种子自果实取出后放1个月，基本上不能发芽，所以种子应随采随播。试验结果表明，种子储藏15天后，发芽率为70%；30天后发芽率降至40%以下。播前若用浓度小于500毫克/升的赤霉素浸种48小时，能100%发芽，幼苗生长也好。海南群众保存菠萝蜜种子的方法是，自果中取出种子，洗净，阴干，用新鲜的谷壳或木屑与种子混合，保存在瓦罐内，数月仍不变质。

1. 播种

（1）**催芽** 从瘦果中取出种子洗净，阴干2～3天后，将种子按1～2厘米间隔一个个排列于沙床上，覆沙盖过种子（厚不超过1厘米），用花洒桶淋透水，以后保持沙床湿润。

（2）**移苗** 当胚芽露出后，移入苗床或育苗袋中。

2. 苗床（或育苗袋）准备

（1）**苗床准备** 菠萝蜜主梢生长快，地下部分比地上部分快2～3倍，因此苗床应深耕细耙，施足禽畜粪肥或土杂肥等基肥，务求苗床土壤肥沃、疏松。然后起畦，畦床规格为长10米、宽1～1.2米、高15～20厘米，每畦间隔宽50～60厘米。

（2）**营养土的配备** 苗床营养土以肥沃的表土或菜园土与土杂肥（或粪肥）按9∶1或8∶2的比例混合，再加适量的椰糠拌匀备用。

3. 移芽

（1）**苗床育苗** 当催芽的种子发芽后，按5厘米×10厘米的株行距移入苗床。苗床上遮盖50%遮阳网或置于树荫下，移植后淋透定根水。

（2）育苗袋育苗 将胚芽移入规格20厘米×28厘米育苗袋中，并遮盖50%遮阳网或置于树荫下，移植后淋透定根水。

4.苗木管理 菠萝蜜的苗木管理与一般果树基本相同。当苗木高达20～25厘米可以出圃定植。

二、无性繁殖育苗

无性繁殖育苗是利用植物的营养器官（如枝、芽）繁殖种苗，有如下几种育苗方法。

（一）嫁接

嫁接属无性繁殖的一种。嫁接苗既可保存母本的优良性状，又可利用砧木强大的根系，有利于提高植株抗风、抗旱能力，使植株生长健壮，结果多，经济寿命长。目前，大规模的商业生产都是通过嫁接繁殖苗木。

1.选接穗 接穗取自结果3年以上的高产优质优良母树，选1～2年生木栓化或半木栓化的枝条，以枝粗0.7～1厘米、表皮黄褐色、芽眼饱满者为好。

2.选砧木 以主干直立、茎粗0.8～1厘米、叶片正常、生长势壮旺、无病虫害的实生苗作砧木。砧木苗最好为袋装苗或其他容器培育的苗木。

3.嫁接时间 以4～10月为芽接适期。此时气温较高，树液流通，接穗与砧木均易剥皮，但雨天和风干热风时不宜嫁接。

4.嫁接操作 目前多采用补片芽接法嫁接，其操作步骤如图1-20。

（1）排乳汁 菠萝蜜乳汁（乳胶）会影响芽接成活，因此在嫁接前需先排乳汁。在砧木离地面10～20厘米的茎段选光滑处开芽接位，在芽接位上方先横切一刀，深达木质部，让树上的乳汁流出，可在计划芽接的苗上一连切10株砧木排胶。

①排乳汁

②开芽接位

③削芽片

④接　合

⑤捆　绑

⑥解绑与剪砧

图1-20　嫁接操作步骤

（2）开芽接位　用湿布擦干排出的乳汁，在排胶线下开一个宽0.8～1厘米、长2.5～3厘米的长方形，深达木质部，从上面用刀尖挑开树皮，拉下1/3。如易剥皮，则削芽片。

（3）削芽片　选用充实饱满的腋芽，在芽眼上下1.2～1.4厘米的地方各横切一刀，再在芽眼左右各竖切一刀，均深达木质部，小心取出芽片。芽片必须完好无损，略小于芽接口。不剥伤芽片是芽接成功的关键。

（4）接合　剥开砧木接口的树皮，放入芽片（芽片比接口小0.1厘米），切去砧木片约3/4，留少许砧木片卡住芽片，以利捆绑操作。芽接口应完好无损。

（5）捆绑　用厚0.01毫米、宽约2厘米、韧性好的透明薄膜带自下而上一圈一圈缠紧，圈与圈之间重叠1/3左右，最后在接口上方打结。绑扎紧密也是嫁接成功的关键之一。

（6）解绑与剪砧　嫁接25天后，如芽片保持青绿色，接口愈合良好，即可解绑。解绑后1周左右芽片仍青绿，则可在接口上方5～10厘米处剪砧。此后注意检查，随时抹除砧木自身的萌芽，使接穗芽健康成长。

（二）扦插

据介绍，菠萝蜜可以扦插繁殖。其操作是：在优良的母树上截取插穗前30天，对截取部位环割进行黄化处理；扦插前再用阿魏酸2 000毫克/升＋IBA3 000毫克/升速浸，发根率可达90%。

（三）空中压条（圈枝）

采用圈枝方法进行无性繁殖，圈枝时间及除去菠萝蜜乳汁（乳胶）是关键。在海南，以每年开春的3～5月圈枝最好。选直径1.5～2厘米的半木栓化枝条，在离枝端30～50厘米处环状剥皮长2～3厘米，然后用刀在剥口处轻刮，刮净剥口残留的形成层。在海南常用的包扎基质为椰糠，湿度以手捏刚出水滴为度。最后用塑料带以环剥口为中心包扎绑实。捆绑扎紧也是圈枝成功的关键之一（图1-21）。其优点是植株矮化、方便管理，可提早结果，保持了母株的优良特性；缺点是圈枝育苗的菠萝蜜树无主根，结果小而少，树体抗风力稍弱，向背风面倾斜。经调查，3年生菠萝蜜圈枝树高2.10～2.30米，茎围25～30厘米，根深35厘米，在距土面20厘米处生侧根5～6条。定植1年后结小果，第2年起可结少数果实。此法目前在生产上很少采用。

图1-21　圈枝育苗

（四）组织培养

组织培养法适用于规模化、产业化培育种苗。目前此法繁育菠萝蜜还处在试验阶段。

根据S.K.Roy等介绍，取健壮的菠萝蜜树茎段节芽为材料，将这些外植体用蒸馏水冲洗若干次，在0.5%氯化汞*溶液中悬浮2～3分钟，用无消毒剂的灭菌水冲洗，将菠萝蜜的节外植体置于MS培养基上培养，添加1.0毫克/升6-苄基腺嘌呤和0.5毫克/升激动素时能诱导形成复芽，将离体形成的嫩枝置于培养基中继代培

---

　　*　氯化汞有剧毒，现已禁用。

养发育新梢，在添加萘乙酸和吲哚丁酸各1.0毫克/升的MS盐浓度减半培养基中，离体的增殖嫩枝经培养诱导生根，将生根的嫩枝置于无激素和糖的液体浓度减半MS培养基中驯化，在3 000勒克斯的冷白荧光灯下，生根的嫩枝在（26±3）℃滤纸台上生长20天，之后将生根的嫩枝移至含土壤、硅石和沙（2∶1∶1）混合物的盆钵并保持在相同环境条件下，生根嫩枝逐日浇水，用透明聚乙烯袋覆盖盆栽植株，保持高湿度，待植株6 ～ 7厘米高时移到温室，炼苗后移至田间种植。

三、出圃

（一）出圃苗标准

1. 实生苗标准　种源来自经确认的品种纯正、优质高产的母本园或母株，品种纯度≥95％；出圃时营养袋完好，营养土完整不松散，土团直径＞12厘米、高＞20厘米；植株主干直立，生长健壮，叶片浓绿、正常，根系发达，无机械损伤；种苗高度≥50厘米；主干粗度≥0.6厘米；苗龄3 ～ 6个月。

2. 嫁接苗标准　种源来自经确认的品种纯正、优质高产的母本园或母株，品种纯度≥98％；出圃时营养袋完好，营养土完整不松散，土团直径＞12厘米、高＞20厘米；植株主干直立，生长健壮，叶片浓绿、正常，根系发达，无机械损伤；接口愈合程度良好；种苗高度≥30厘米；砧段粗度≥1.0厘米、主干粗度≥0.3厘米；苗龄6 ～ 9个月（图1-22）。

图1-22　菠萝蜜嫁接苗

（二）包装

用营养袋培育的菠萝蜜种苗不需包装，可以直接运输；地栽苗起苗后要及时浆根包装，根部用草帘、麻袋、干净肥料袋和草绳等包裹绑牢，包内填充保湿材料以达到苗根和苗茎不受损伤为准，以每包20株为一捆用包装纤维绳包扎好，并挂上标签。

（三）储存与运输

种苗包装好后存放于安全的地方，避免烈日暴晒或霜冻害。在无霜冻害的地方，可存放于树荫底下，基部着地竖立存放，并在上面用草覆盖好。在有冻害的地区，应注意种苗安全越冬存放（如采用地窖法等），同时应注意防虫蛀、腐烂及防止病虫害的发生和蔓延。

菠萝蜜种苗在运输装卸过程中，应注意防止种苗芽眼和皮层的损伤。到达目的地后，要及时交接和保养管理，尽快定植或假植。

第二节　栽　　植

现代化的果园必须重视规划与种植管理，包括选地、农田基本建设、施肥、种植等，这关系到果树的丰产、稳产。菠萝蜜也不例外。

一、果园选地与规划

一般选择年平均温度19℃以上，最冷月平均温度12℃以上，绝对最低温度0℃以上，年降水量1 000毫米以上；坡度＜30°，土层深厚、土质肥沃、结构良好、易于排水、地下水位在1米以下；靠近水源且排水良好的地方建园。

园地规划应根据地块大小、地形、地势、坡度及机械化程度等而定，通常以25～30公顷为一片，1.5～2公顷为一小区，规模化、标准化种植的果园见图1-23、图1-24。菠萝蜜园地的划区要与防护林设置相结合，园地四周最好保留原生林或营造防护林带。一般主林带设在较高的迎风处，与主风向垂直，植树8～10行；副林带与主林带垂直，与主风向平行，植树3～5行。防护林树种可选择适合当地生长的高、中、矮树种混种，如木麻黄、台

图1-23　菠萝蜜规模化种植果园

图1-24　菠萝蜜标准化种植果园

湾相思、琼崖海棠、母生、菜豆树、竹柏和油茶等树种。连片开发种植的菠萝蜜园要设置道路系统，道路系统由主干道、支干道和小道等互相连通组成。主干道贯穿全园，与外部道路相通，宽5～6米；支干道宽3～4米；小道宽2米。

排灌系统规划应因地制宜，充分利用附近河沟、坑塘、水库等排灌配套工程，配置灌溉或淋水的蓄水池等。坡度≤10°的平缓种植园地应设置环园大沟、园内纵沟和横排水沟。环园大沟一般距防护林3米，距边行植株3米，沟宽80厘米、深60厘米；在主干道两侧设园内纵沟，沟宽60厘米、深40厘米；支干道两侧设横排水沟，沟宽40厘米、深30厘米。环园大沟、园内纵沟和横排水沟互相连通。除了利用天然的沟灌水外，同时应视具体情况铺设管道灌溉系统，顺园地的行间埋管，按株距开灌水口。

果园水肥池的规划。一般每个园块都应设立水肥池，容积为10～15米^3。

二、园地开垦

园地应深耕全垦，一般在定植前3～4个月进行，让土壤充分熟化，提高肥力。开垦时，首先划出防护林带，保留不砍，接着砍掉不需要保留的乔木和灌木，并进行清理。土壤深耕后，随即平整。园地水土保持工程的修筑依据地形和坡度的不同而进行。坡度5°以下的缓坡地不必修筑专门的水土保持工程，但应等高种植，并尽量隔几行果树修筑一个土埂以防止水土流失；坡度在10°～30°的坡地应等高开垦，修筑宽2～2.5米的水平梯田或环山行，反倾斜15°，单行种植，每隔1～2个穴留一个土埂，埂高30厘米。

三、植穴准备

植穴准备在定植前1～2个月完成，植穴以穴宽80厘米、深

70厘米、底宽60厘米为宜。挖穴时，要把表土、底土分开放置，并捡净树根、石头等杂物，让表土和底土经充分日晒后再回土。

根据土壤肥沃或贫瘠情况施穴肥。每穴施充分腐熟的有机肥20～30千克、复合肥0.5～1千克、过磷酸钙1千克作基肥，先回入20～30厘米表土于穴底，中层回入表土与肥料的混合物，最后再将剩余的土填入。回土时土面要高出地面约20厘米，呈馒头状为好。植穴完成后，在植穴中心插标记物。

四、定植

1.定植时期　在海南，春、夏、秋季均可定植菠萝蜜，以3～4月或9～10月定植为宜，雨季定植最佳，有利于幼苗恢复生长。在春旱或秋旱季节，如灌溉条件差的地区，不宜定植。在冬季低温季节，定植后伤口不易愈合，且不易萌发新根，影响成活率，这些地区应提前在早秋季节定植完毕，这样在低温干旱季节到来之前菠萝蜜幼苗就已恢复生机，第二年便可迅速生长。

2.定植密度　菠萝蜜栽植的株行距，依品种、成龄树的树冠大小、植地的气候、土壤条件以及管理水平等因素而不同。一般采用株行距6米×6米或5米×7米，每公顷分别种植270株和285株。平缓坡地和土壤肥力较好的园地可疏植，坡度大的园地可适当缩小行距。土地瘠瘦的园块可适当密植。种植密的待菠萝蜜成林后逐年留优去劣，进行疏伐。

3.定植方法　选择芽接苗高25～35厘米（从芽接点算起）的壮苗进行定植。移苗时应尽量避免损伤主根。若损伤主根流出白色胶汁时，幼苗会失水，降低成活率。遇有此情况，可用火灼伤口，使胶质凝固、断流，防止失水。定植时在已准备好的植穴中挖一个比种苗的土团稍大的植穴，然后将苗放入植穴，土团放端正，深浅适度，苗身直立，然后解开袋装苗塑料袋，用细土先将土团下面填满塞紧，再填四周，适当压紧，但不能直压土团。总之，填土要均匀，根际周围要紧实。定植后，在根圈内筑一直径80厘米的树盘，上面盖草，然后淋足定根水，再盖一层细土。定植步骤见图1-25。

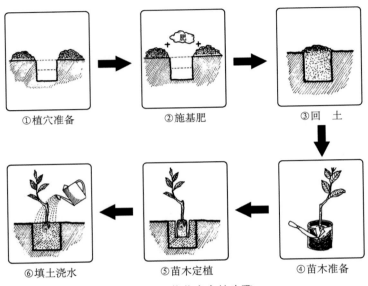

①植穴准备 ②施基肥 ③回 土

⑥填土浇水 ⑤苗木定植 ④苗木准备

图1-25 菠萝蜜定植步骤

4. 植后管理 苗木定植后，如遇干旱天气，每隔数日淋水1次，以提高成活率；如遇雨天应开沟排除积水，以防止烂根。植后1个月左右抽出的砧木嫩芽要及时抹掉，并对缺株及时补植，保持果园苗木整齐。

五、间作

菠萝蜜株行距较宽，进入盛产期一般5～8年，果园提倡间种其他短期作物或短期果树。通过对间种作物的施肥、管理，不仅有利于提高土壤肥力和土地、光能利用率，增加初期收益，而且有利于促进菠萝蜜生长。间种作物可选择菠萝、香蕉、番木瓜、番薯和花生等经济作物（图1-26、图1-27）。

图1-26　菠萝蜜间作菠萝

图1-27　菠萝蜜间作香蕉

六、菠萝蜜盆栽

菠萝蜜盆栽方法在印度尼西亚一些大城市的家庭庭院内已成

时尚，既能美化环境，又能有果实观赏及收获。在我国南方，在有庭院的家庭和公园，摆上几盆热带珍果，其乐无穷，更可为花卉产业开辟新资源。和其他果树盆栽一样，菠萝蜜也可以在盆里种植。在菠萝蜜树种的选择上，应选择早结果、树形不高的无性繁殖苗。在印度尼西亚有一个叫迷你菠萝蜜（Nangka Mini）的品种，很适合用于盆栽。

由于盆栽果树生长发育所需的各种营养成分主要来源于盆栽时用的营养土和日后管理上的追肥，因此在实施菠萝蜜盆栽时，要特别注意营养土的配制。通常将厩肥、堆肥、泥土按1∶1∶8的比例配制。厩肥要充分腐熟，避免用新鲜料，否则会产生热反应，造成伤根甚至死苗。

（一）盆栽容器选择

菠萝蜜树属高大树种，所以采用的容器比一般盆栽容器大。可选直径50厘米以上、高50厘米以上的容器。容器材料各种各样，主要有陶制花盆和旧铁桶，也可自制水泥或木质的容器。不同材质的盆栽容器各有优缺点，但都必须具有透水、透气的功能。

（二）种植与扶管

在盆栽容器底层铺小石块或瓦片，起过滤作用。填入营养土后淋足水，静置1周，然后在盆中央挖跟袋苗大小相适应的小穴。种植时去除袋苗的袋，埋入洞内，周围填土，用竹或树枝扶直树苗。土面覆盖木糠、稻壳、树叶等，保持盆土湿润。容器下方要垫高离地，使盆土易于排水。在盆栽初期，把盆栽幼苗放在阴凉处1个月以上，再移到阳光下。定时定量淋水，每日1次。用花洒桶淋水，盆底出水了即停浇。淋水要与除尘相结合。松土也要与浇淋相结合。

种植后3个月开始施肥。每盆施0.5千克厩肥和3汤匙复合肥。以后每个月按此肥比例施1次。同时，喷施叶面肥。

种植3个月后，在有了很好的低矮树形结构时，对健壮的树苗进行修剪。第一次在离营养土高20～40厘米的部位剪去主茎顶部。2～3周后又长出许多芽，选其中2个好的芽作为主枝，其余的芽剪除。再过几周，主枝长到20～25厘米时，在离主干15厘米处剪去顶端。待第二分枝长出新芽后再修剪，只留2个生长好的芽。如此反复修剪，直到形成良好树形结构为止。此过程就是不断剪掉过长、过弱、有病、受伤或没有结果的树枝或树梢。

　　盆栽菠萝蜜树，其高度生长相对较慢，但枝干会增粗，根系也会增多。由于树苗生长发育过程会逐渐耗尽盆土肥分，因此为保证果树的健康成长，必须及时换盆、换土。如发现树根从盆洞口伸出，树叶变小、卷曲，或者嫩枝抽生难，就应换盆。

　　换盆时，应事先往盆中浇水，然后小心地移出树苗，尽量使得盆土和根都不受损。脱盆后削去四周和底部的营养土。将准备好的更大的新盆，在盆底垫瓦片后铺一层营养土，然后把原带土的菠萝蜜树苗装进新盆内，四周填满新的营养土，淋足水，适当荫蔽，便完成了换盆工作。

第三节　树体管理与施肥

　　菠萝蜜定植后，既要加强幼龄树管理，又要加强成龄树管理，这是提高菠萝蜜产量与品质的关键。

一、幼龄树管理

（一）施肥与除草

　　幼龄树施肥，以促进枝梢生长，迅速形成树冠为目的。除冬季施有机肥作为基肥外，每次抽新梢前施速效肥促梢壮梢。施肥量应根据菠萝蜜的不同生长发育时期而定，一般随着树龄的增大要逐年增加施肥量，以满足其生长需要。

　　根据幼龄菠萝蜜的生长发育特点，应贯彻勤施、薄施、生长旺季多施肥的原则。苗木定植后1个月左右，即新梢抽出时应及时施肥。一般10～15天施1次水肥，水肥由人畜粪、尿、饼肥和绿叶沤制腐熟后施用。如果水肥太浓可加水；浓度不够，可适当加入尿素或复合肥施用。一般定植1年后要做到"一梢一肥"，隔月1次。1年生幼树每次可株施尿素50～70克或三元素复合肥100克或水肥2～3千克；2～3年生幼树每次可株施尿素100克或复合肥130克或水肥4～5千克。随着树龄增长，用量可逐年增加。要讲究尿素或复合肥的施用方法，在平地上可环施，在斜坡上则在树苗高处施。在施肥的同时，在菠萝蜜树周围1米内的土层进行松土。

植后2年内，除梢期施肥外，每年秋末冬初可结合扩穴压青施堆肥和厩肥，株施20～30千克加过磷酸钙0.5千克，以提高土壤肥力，促进菠萝蜜根系生长。

除草工作在定植1个月后进行，以后每1～2个月进行1次，每年3～4次。

（二）浇水与覆盖

在菠萝蜜幼龄阶段，要满足果树对水分的需求。规模化种植菠萝蜜地区，浇水工作是非常繁重的。因此，最好选择在雨季初定植。在没有降雨的情况下，定植初期，每天至少浇水1次，至6个月龄后可少浇水。

果树在幼龄阶段应予覆盖，可以保持园地土壤湿润和减少水分蒸发。各种干杂草、干树叶或间种的绿肥等都可以作覆盖材料（图1-28），这有利于减少水分蒸发，调节土温，防止土壤板结，从而促进菠萝蜜根系生长。

（三）修枝与整形

对菠萝蜜进行修剪的目的在于形成合理的树冠结构。适度的修剪，是培养主枝和二、三级分枝的关键。

一般地，菠萝蜜以修剪成金字塔形或宽金字塔形（俗称伞形）

图1-28　菠萝蜜幼龄果园覆盖

树冠为佳。菠萝蜜树的骨干枝是整个树冠的基础，它对树体的结构、树势的生长发育和开花结果都有很大影响。因此，必须在幼龄树阶段开始修枝整形，以培养好的树形结构，为丰产打下基础。要求每层枝的距离0.8 ~ 1米，使分枝着生角度适合，分布均匀，其技术要点是：幼苗期让其自然生长，当植株生长高度至1.5米左右时，即行摘心去顶，让其分枝。抽出的芽应按东、南、西、北四个方位选留3 ~ 4个健壮、分布均匀、与树干呈45° ~ 60°生长的枝条培养一级分枝，选留的最低枝芽距离地面应1米以上，多余的枝芽全部抹除。当一级分枝长度达1.2 ~ 1.5米时，再行摘心去顶，以培养二级分枝。要求选留2 ~ 3条健壮、分布均匀，斜向上生长的枝条作培养二级分枝，剪除多余的枝条。依此类推，最后经过3 ~ 4次的摘心去顶，就可形成金字塔形或开张的树冠（图1-29、图1-30）。

　　对菠萝蜜进行修枝整形应掌握以下要求：

　　①修枝整形时间以每年春季的2 ~ 3月开始为宜，可采用剪枝、拉枝、吊枝或撑枝等方法整形。

　　②以交叉枝、过密枝、弱枝、病虫枝等为主要修枝对象。修剪时首先针对果树枝叶茂密、妨碍阳光照射的果树树杈。由下而

上进行，修剪口往上斜切，防止伤口积水腐烂。最好在伤口涂上防护剂。

③对种植1年的树进行修剪，宜层次分明、疏密适中；树型不宜太高，以高度3～5米为好。

图1-29　2～3年生菠萝蜜树形

图1-30　4～6年生菠萝蜜树形

二、成龄树管理

（一）施肥

菠萝蜜嫁接苗2～3年就可开花结果。菠萝蜜植株在生长发育过程中需肥量较大，而且需要氮、磷、钾等各种营养元素的供应。因此，必须根据其不同的生长发育阶段，合理施用花前肥、壮果肥、果后肥等，以满足其生长需要，促进新梢生长、花芽分化和果实发育，并保持植株生长势。根据菠萝蜜开花结果的物候期（以海南物候期为例），对结果树（即成龄树，其高产示范园见图1-31）施用氮、磷、钾肥，并与有机肥搭配施用，每个结果周期施肥3～4次。菠萝蜜不同生育阶段施肥的具体时间与用量如下。

图1-31　菠萝蜜高产示范园

1. 花前肥　在菠萝蜜冬春发芽、抽花序前施速效肥，以促进新梢生长与开花结果。一般在12月中下旬施用，每株施尿素0.5千克、氯化钾0.5千克或复合肥1～1.5千克。

2. 壮果肥　在菠萝蜜果实迅速增长的时期施保果肥，以促进果实的生长发育。在海南，2～4月为菠萝蜜果实迅速膨大的时期，而此时正值干旱季节，故必须进行灌溉和施肥，保花保果，提高产量。一般在3～4月前后施用，每株施尿素0.5千克、氯化钾

1 ～ 1.5千克、钙镁磷肥0.5千克、饼肥2 ～ 3千克。

3. 果后肥 施养树肥是菠萝蜜稳产的一项重要技术。施好养树肥能及时给植株补充养分，以保持或恢复生长势，避免植株因结果多、养分不足而衰退。在采收菠萝蜜果实后，要及时重施有机肥和施少量化肥。一般在7月中下旬施用，每株施有机肥25 ～ 30千克、饼肥2 ～ 3千克（与有机肥混堆）、复合肥1 ～ 1.5千克。

菠萝蜜的施肥方法应根据树龄、肥料种类、土壤类型等来决定。正确的施肥方法可以减少肥害，提高肥料利用率。在生产中，施肥方法有环沟施或穴施等。施肥时，在株间或行间的树冠外围挖条形沟施下，施肥沟的深浅依肥料种类、施用量而异。一般施肥沟宽、深均为15 ～ 20厘米；沟长约100厘米。旱季施化肥要结合灌水，有机肥施用应结构深翻扩穴深施。

（二）促花

在生产过程，有许多因素会引起菠萝蜜树不开花。可能是栽培方法不得当的原因，也可能是内在遗传原因，或者由气候因素和生长环境所引起。在生产中，常采用表1-1的对策来解决不结果的问题。

表1-1 菠萝蜜不结果的几种原因及解决方法

种类	不结果的原因	解决方法
1	果树缺乏营养元素	补充肥料
2	营养足，因土壤呈酸性，养分不能被有效吸收	施石灰和厩肥
3	果树生长过于茂盛，造成叶片稠密	通过修剪，剪去部分叶片，增加树冠通透性
4	树苗状况不佳，来自不够老的种子或母株不够好	换接优良品种
5	气候条件和生长环境	除去树苗，用适合的品种代替

对于如何来调整果树营养生长和生殖生长的关系，生产中常用砍刀砍伤树干皮层至流出乳汁（俗称伤流）。其目的是切断光合产物向下输送到根系的通道，抑制根系生长，并使这些光合产物积累在枝条上，促进花芽分化。其作用与环割相似。切记不能砍（割）得太深，而以刚到木质部为好。实施砍伤时还须注意刀具的清洁；处理部位应距地面50～200厘米或更高些；砍伤的方向应由下而上，不按顺序砍。

此外，刺激菠萝蜜开花结果的方法还可采用捆铁丝法和钻洞法。

捆铁丝法：对菠萝蜜树捆铁丝的目的在于阻碍从叶部向下输送有机物质到根部。把经过光合作用产生的物质积累在茎干、树枝上，可促进开花结果。通常在离地面0.5～1米的主干上或离分枝处0.25～0.5米处用铁线捆紧。待到出现花蕾时才解开铁线。用这种方法没有伤及形成层或木质部系统，风险小，容易操作。缺点是刺激开花有效程度还需较长时间的观察，且结果后要及时解开铁丝。

钻洞法：这是一种快捷促花的方法。此法仅用于无病且树龄在28～30个月或种子种植起有3～3.5年树龄的菠萝蜜树。2～3月进行钻洞，2个月后就会出现花蕾。但须注意：钻洞用的钻头直径1～1.5厘米，使用前要清洁工具；钻洞的位置离地面高100～125厘米，水平钻孔，深度在4～5厘米；钻孔内装满叶面肥，然后用干净的布或棉花塞孔。

（三）疏果

正确地进行疏果，控制每株结果数量，是确保菠萝蜜稳产、优质的一项重要措施。在果实直径6～8厘米时进行人工疏果，疏除病虫果、畸形果等不正常的果实。选留生长充实、健壮、果形端正、无病虫害、无缺陷、着生在粗大枝条上的果实。留果数量也要控制：一般菠萝蜜种植2～3年后结果，马来西亚1号等大果形品种定植第三年结果树每株留1～2个果，第四年留3～4个，第五年留6～8个，第六年留8～10个，之后盛产期每株留12～20个，其高产结果树见图1-32和图1-33；常有木菠萝、四季木菠萝等中小果形品种，定植第三年结果树每株留2～3个果，第四年留4～8个，第五年留10～14个，第六年留16～20个，之后盛产期每株留20～30个。实际生产中应根据植株长势和单果重量适当增减单株留果数量。

图1-32 菠萝蜜高产结果树1

图1-33 菠萝蜜高产结果树2

（四）套袋

菠萝蜜在幼果或成熟果期经常会招来果蝇等害虫侵害，造成烂果，因此在幼果长1个月后就要进行包果或套袋。这项工作是在疏果并对果树病虫害防治之初进行。

套袋用的材料主要有塑料袋或者椰子叶编织袋等。用塑料袋时，要留下小孔，以利空气流通。套袋要宽松些，预留果实长大的空间。套袋时不要碰伤果柄，用绳子扎袋口也不要扎得太紧（图1-34）。是否采用此项措施应根据实际而定。

图1-34　菠萝蜜果实套袋

（五）修剪

果实采收后应适当修剪，修剪原则与幼龄树管理相同，以过长枝、交叉枝、下垂枝、徒长枝、过密枝、弱枝和病虫枝为主要修枝对象，植株高度控制在5米以下，结果树修剪宜轻，对中下部枝条尽量保留，对个别大枝、树冠株间的交接枝条也剪去，使枝叶分布均匀，通风透光。树冠枝叶修剪量应根据植株长势而定。一般当枝条直径大于3厘米时，修剪口需涂上防护剂，如油漆或涂白剂（图1-35）。特别注意，在每年台风来临前要加重树体修剪量，尽量减少台风受损面。

图1-35 修剪口防护

第五章
菠萝蜜病虫害防治

　　菠萝蜜病虫害对生产构成很大威胁，发生严重时，果实受害率达30%～40%。如何有效地防治菠萝蜜病虫害，是菠萝蜜丰产稳产不可缺少的重要环节。

　　Basak等调查了孟加拉国吉大港地区菠萝蜜种植区由 *Colletotrichum gloeosporioides* 引起的菠萝蜜叶斑病的发生危害情况，结果表明，绝大多数菠萝蜜树已经发病，吉大港大学校园比周边其他地区的植株发病率高，且矮树冠和低洼地带的植株发病率高。另外，Haque等研究了由 *Botryodiplodia theobromae* 引起的菠萝蜜叶枯病的发生规律。Martinez等调查了菲律宾莱特省、南莱特省、萨马省、北萨马省和东萨马省的菠萝蜜病虫害种类，共鉴定出12种病害和12种虫害，其中三带实蝇（*Bactrocera umbrosa*）、野螟科（Pyraustid）、象鼻虫科（Curcullionid）是优势种群，花腐病（*Rhizopus nigricans*）和果腐病（*Diplodia artocarp*）是主要病害，针对这些主要病虫害研究者总结了主要虫害的防治措施。Butani研究报道了危害印度菠萝蜜的天牛（*Diaphania caesalis*）、*Indarbela tetraonis*、*Glenia belli*、小蠹虫（*Platypus indicus*）、沫蝉（*Cosmoscarta relata*）、粉蚧（*Nipaecoccus viridis*）、透翅毒蛾（*Perina nuda*）、*Diaphorina bivitralis*、桃蛀螟（*Dichocrocis punctiferalis*）、蚜虫（*Greenidea artocarpi*）和 *Toxoptera aurantii* 等主要虫害的形态特征、危害症状和防治措施。Martinez评价了套袋、杀虫剂、农业措施（清除受害果实）、引诱剂等不同防治措施对菠萝蜜三带实蝇的防治效果。据McMillan报道，在花期和幼果期可通过喷氢氧化铜和二氯硝基苯胺（DCNA）防治菠萝蜜软腐病。N Iboton Singh研究了多菌灵、苯来特、代森锰锌、代森锌和elatox等5种杀菌剂对菠萝蜜果腐病的防效。

国内李增平等于1999年4月至2001年7月对海南省儋州、澄迈、琼山、琼海、万宁、保亭、通什、琼中、白沙和文昌等10个市（县）的菠萝蜜病害进行了调查与病原鉴定，发现海南岛菠萝蜜病害共21种。其中，真菌病害14种，寄生线虫病害1种，寄生植物病害2种，生理性病害2种，病原未明病害2种（丛枝病、根腐病）；发生较为严重的有炭疽病、绯腐病、拟盘多毛孢叶斑病、叶点霉叶斑病、链格孢叶斑病及花果软腐病。发现尾孢霉、弯孢霉等几种较为少见的叶斑病，以及红根病、褐根病、根结线虫病3种根部病害。钱庭玉（1983）通过对云南西双版纳以及海南岛的菠萝蜜上的天牛类害虫的调查发现，侵害这两个地区菠萝蜜的天牛类害虫主要有桑粒肩天牛（*Apriona germari*）、南方坡翅天牛（*Pterolophia discalis*）、桑枝小天牛（*Xenolea tomenlosa asiatica*）、六星粉天牛（*Olenecamptus bilobus*）以及榕八星天牛（*Batocera rubus*）。弓明钦在1978—1979年对广东（含海南）及广西的菠萝蜜软腐病的发生情况进行了调查，并对该病害的危害症状、发生规律和防治措施进行了详细描述。简日明对木菠萝黄翅绢野螟的危害症状、形态特征和防治方法也进行了系统研究。据洪宝光等报道，针对菠萝蜜甲虫，可以采取如下防治措施：药剂可用敌敌畏100倍液加丙溴磷800倍（或毒死蜱600倍液），防治方式可涂树干（再加展着剂），或针灌虫洞，或涂树干后用塑料薄膜包住。

2009—2016年，桑利伟等对海南省国有西联农场、东升农场、南海农场，以及万宁、陵水、保亭、文昌、琼海、乐东等市（县）菠萝蜜主产区进行了病虫害调查，目前为害海南省菠萝蜜的主要病害包括炭疽病、蒂腐病、花果软腐病、褐根病、绯腐病、红粉病、酸腐病、叶斑病和根结线虫病等；主要害虫包括榕八星天牛、桑肩粒天牛、黄翅绢野螟、素背肘隆蝽、南方坡翅天牛、桑枝小天牛、六星粉天牛和介壳虫等。其中以炭疽病、蒂腐病、花果软腐病、褐根病、绯腐病、榕八星天牛、桑肩粒天牛、黄翅绢野螟危害较严重，应作重点防治。调查还发现一种新病害，即由帚梗柱孢霉引起的菠萝蜜果腐病。

第一节　主要病害防治

一、菠萝蜜炭疽病

（一）危害症状

菠萝蜜炭疽病为菠萝蜜常见病害之一，叶片、果实均可发病（图1-36）。叶片受害，病斑近圆形或不规则形，初期呈褐色至暗褐色，周围有明显黄晕圈；发病中后期，病斑中央产生棕褐色小点，易破裂穿孔。果实受害后，呈现黑褐色圆形斑，其上长出灰白色霉层，引起果腐，导致果肉褐坏。该病是造成果实成熟期与储运期腐烂的重要原因之一。

果实症状

叶片症状

图1-36　菠萝蜜炭疽病

（二）病原菌

菠萝蜜炭疽病病原菌为炭疽菌属（*Colletotrichum*）真菌（图1-37）。在培养基上，菌落灰绿色，气生菌丝白色绒毛状，后期产生橘红色分生孢子堆。分生孢子盘周缘生暗褐色刚毛，具2～4个隔膜，大小（74～128）微米×（3～5）微米。分生孢子梗短圆柱形，无色，单胞，大小（11～16）微米×（3～4）微米。分生孢子长椭圆形，无色，单胞，（14～25）微米×（3～5）微米。

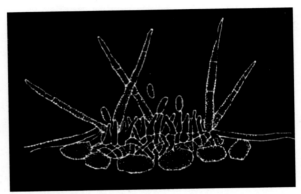

图1-37　炭疽菌分生孢子盘及分生孢子

（三）发生规律

该病全年均可发生，以4～5月较严重。病菌以菌丝体在病枝、病叶及病果上越冬。翌年越冬的病菌作为初次侵染来源，侵染嫩叶及幼果。病菌侵入后在幼果内潜伏，分生孢子借风雨释放和传播，昆虫也是传播媒介之一。各个生长时期均受害，以幼树受害最为严重，常引起叶片坏死脱落。菠萝蜜开花后，病菌可潜伏侵染幼果，从而存活于果实内，于果熟期扩展引起果腐，危害较重。果园田间管理不善，树势弱，病害较为严重。

（四）防治方法

1. 农业防治　①加强栽培管理，增施有机肥、钾肥，及时排灌，增强树势，提高植株抗病力。②搞好田园卫生，及时清除病枝、病叶、病果集中烧毁或深埋，冬季清园。

2.化学防治　适时喷药控制。在幼果期，选用25%咪鲜胺水乳剂或10%苯醚甲环唑水乳剂800～1 000倍液，或50%多·锰锌可湿性粉剂500～800倍液喷雾幼果，每隔7～10天喷施1次，连喷2～3次。

二、菠萝蜜蒂腐病

（一）危害症状

菠萝蜜蒂腐病主要危害果实，病斑常发生于近果柄处，初期呈现针头状褐色小点，后扩展为水渍状深褐色的圆形病斑，边缘浅褐色。病部组织变软、变臭，溢出白色胶质物，为病菌的分生孢子团（图1-38）。受害果实往往提早脱落。

图1-38　菠萝蜜蒂腐病果实症状

（二）病原菌

该病的病原菌为半知菌亚门的球二孢属真菌*Diplodia artocarp*（图1-39）。其分生孢子器埋生于寄主组织表皮下，单生或聚生于子座内，扁球形、椭圆形、不规则形，顶端有乳头状突起。产生分生孢子的类型为环痕型，其分生孢子初无色，后呈浅褐色，单胞或双胞，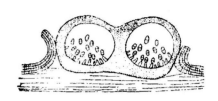

图1-39　球二孢分生孢子器及孢子

横隔处无缢缩，圆形和长椭圆形。分生孢子梗短、直立，不分枝。

（三）发生规律

该病菌以菌丝体和分生孢子器在病枝及病果上越冬。第二年春，气候条件适宜时，长出大量的分生孢子作为初次侵染来源，侵染菠萝蜜的幼果。由于幼果的抗病性较强，病菌侵入后潜伏在果内，待果实开始成熟、抗病性较低时便陆续出现症状。此外，病菌还从伤口侵入，挂果期间受台风侵袭或虫害所造成的果面受伤，都是病菌侵入的重要途径。一般每年3月开始发生，4～7月果实大量成熟时最为严重。在果实成熟期和储运期间，往往造成果实大量腐烂，发病率一般为10%～20%，严重时可达30%～40%。

（四）防治方法

1.农业防治　在生产管理采收时要尽量减少果实受伤，在储藏运输时，最好用纸进行单果包装，以避免病果相互接触，增加传染。

2.化学防治　幼果期喷药保护，特别是在台风雨过后加强喷药保护。在幼果期及果实采收前后，选用42%噻菌灵悬浮剂或25%咪鲜胺水乳剂800～1000倍液，或50%多·锰锌可湿性粉剂500～800倍液喷雾果实，每隔7天喷施1次，连喷2～3次。

三、菠萝蜜花果软腐病

（一）危害症状

此病花序、幼果、成熟果均可受害，受虫伤、机械伤的花及果实更易受害。发病初期病部呈褐色水渍状软腐，随后在病部表面迅速产生浓密的白色绵毛状或丝状物，其中央产生灰黑色霉层（图1-40）。花序感病后腐烂、脱落，幼果感病后变黑、软腐、脱落，近成熟果感病后果肉软腐变黑，失去食用价值，最后全果腐烂。

果实症状　　　　　　　　花序症状

图1-40　菠萝蜜花果软腐病

（二）病原菌

该病的病原菌为匐枝根霉 *Rhizopus nigricans*（图1-41）。由分枝、不具横隔的白色菌丝组成。在基质表面横生的菌丝叫匍匐菌

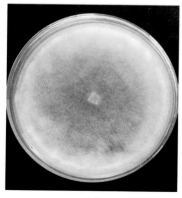
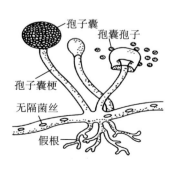

菌落　　　　　　　　　　菌丝及假根

图1-41　匐枝根霉菌

丝，匍匐菌丝膨大的地方向下生出假根，伸入基质中以吸取营养；向上生出数条直立的孢子囊梗，其顶端膨大形成孢子囊。孢子囊内形成具多核的孢囊孢子。孢子囊成熟后破裂，黑色的孢子散出落于基质上，在适宜的条件下，即可萌发成新的菌丝体。

（三）发生规律

菠萝蜜花果期重要病害之一，在我国菠萝蜜各产区发生普遍且严重。在海南产区果实发病率严重时可达70%～80%。病菌腐生性强，易从伤口或长势衰弱的部位侵入，可以附着在病残体上营腐生生活。病菌最先为害雄花序，授粉完成后传至初授粉果实，孢囊孢子多附着在烂果、枝干基部及表层土壤越冬，当条件适宜时，病菌由伤口侵入，后产生大量孢子随气流、风雨传至其他花序和果实上侵害。病菌喜温暖湿润气候，最适生长温度为23～28℃，最适宜的湿度在80%以上。闷湿条件下，极易感染发病。

（四）防治方法

1. 农业防治　及时清除树上和周围感病的花、果及枯枝落叶并集中烧毁或深埋。

2. 化学防治　在开花期、幼果期适时喷药护花护果，可选用10%多抗霉素可湿性粉剂或80%戊唑醇水分散粒剂800～1 000倍液，50%甲基硫菌灵悬浮剂或90%多菌灵水分散粒剂1 000倍液，每隔7～10天喷施1次，连喷2～3次。

四、菠萝蜜褐根病

（一）危害症状

菠萝蜜褐根病的病树长势衰弱，易枯死。病根表面黏附泥沙多，凹凸不平，表面可见铁锈色、疏松绒毛状菌丝和黑色革质菌膜，木质部长有单线渔网状褐纹。

植株受害症状　　　　　　　　　　　　根部受害症状

图1-42　菠萝蜜褐根病

（二）病原菌

该病的病原菌为担子菌亚门层孔菌属真菌 *Phellinus* sp.。子实体木质，无柄，半圆形；边缘略向上，呈锈褐色；上表面黑褐色；下表面灰褐色，不平滑，密布小孔。

（三）发生规律

病菌在土壤中或病残体上越冬，成为翌年主要初侵染源。病菌从根颈部或根部伤口侵入，通过雨水或灌溉水进行传播和蔓延。地势低洼、排水不良、田间积水、植株根部受伤的田块发病严重。多雨季节发病严重，前茬种植橡胶树的园块易发病。

（四）防治方法

1. 农业防治　重病植株挖出、晒干烧毁。为阻止病害传播扩散，在发病植株与健康植株之间挖一条宽30厘米、深40厘米的隔离沟，定期清理沟内积土和树根。

2.化学防治　轻病株用75%十三吗啉乳油300～500倍液淋灌树头周围根系。

五、菠萝蜜绯腐病

(一)危害症状

菠萝蜜绯腐病一般在树干分杈处发生。感病初期，病部树皮表面出现蜘蛛网状银白色菌索，随后病部出现灰褐色、萎缩、下陷、爆裂流胶，最后出现粉红色泥层状菌膜，皮层腐烂，这是本病最显著的特征。经过一段时间后，粉红色菌膜变为灰白色。在干燥条件下，菌膜呈不规则龟裂。重病枝干、树皮腐烂，露出木质部，病部上面枝条枯死，叶片变褐枯萎，下面健康部位抽出新梢（图1-43）。

图1-43　菠萝蜜绯腐病症状

（二）病原菌

该病的病原菌为担子菌亚门伏革菌属鲑色伏革菌（*Corticium* sp.）。担子果平铺成一层，松软，膜质，呈粉红色，边缘白色。

（三）发生规律

海南陵水、琼中、文昌等种植园发生普遍且危害严重。病菌以菌丝体及白色菌丛在病部越冬。翌年2月下旬病菌开始从病部向健部蔓延；3月上旬病健交界处的红色菌丛中开始产生分生孢子，分生孢子通过雨水传播，从伤口侵入，引起初侵染。温度与降水量对菌丝、分生孢子、担孢子的产生、传播以及对新病斑和白色菌丛的形成至关重要。土壤黏重、低洼、排水不良和树龄长的果园发病重。枝条过密、环境湿度大的果园容易发病。前茬种植橡胶、芒果的园块也易发病。

（四）防治方法

1.农业防治　前茬种植橡胶和芒果的园地，整地时应将剩余的根、枝条清理干净，并进行土壤消毒处理。

2.化学防治　发病初期，选用80%波尔多液可湿性粉剂或47%春雷·王铜可湿性粉剂500～800倍液喷雾枝条，每隔7～10天喷施1次，连喷2～3次。发病后期则应砍除病枝并喷药保护。

六、菠萝蜜帚梗柱孢霉果腐病

（一）危害症状

菠萝蜜帚梗柱孢霉果腐病主要危害果实，幼果、成熟果均可受害，受虫伤、机械伤的果实易感病。果实发病初期产生圆形或椭圆形褐色水渍状病斑；随后病斑迅速扩大，病健交界清晰且略显凹陷，病部表面产生浓密的白色绒毛状菌丝，中间散生许多橙色小颗粒，为病原菌的微菌核和厚垣孢子；后期病斑扩散成片呈深褐色不规则形，表面带有白色霉层，仍散生些橙色小颗粒，果实腐烂（图1-44、图1-45）。

图1-44　菠萝蜜帚梗柱孢霉果腐病受害症状1

图1-45　菠萝蜜帚梗柱孢霉果腐病受害症状2

（二）病原菌

病原菌为帚梗柱孢霉 *Cylindrocladium* 真菌。其分生孢子梗直立，无色分隔，上部二叉或三叉状分枝，近似青霉菌的扫帚状分枝，分生孢子产生在产孢梗末端，常由黏液保持成束。在分生孢子梗中央可产生不育附属丝，附属丝具有多个分隔，顶端泡囊多为椭圆形或倒梨形。分生孢子着生于小梗顶端，无色，圆柱状，两端钝圆，具有 0 ~ 2 个隔膜，大小为（35 ~ 43）微米 ×（2.5 ~ 4.0）微米。病菌菌丝在 15 ~ 35℃ 均能生长，25 ~ 35℃ 是病菌的生长适温。

（三）发生规律

冬季（12 月至翌年 2 月）气温降低，雨水减少，病菌开始越冬。越冬时，在病斑表面形成散生的褐色小颗粒，即拟菌核。病菌以拟菌核和厚垣孢子的形式在老病株上或病残体中越冬。春季（3 ~ 4 月）气温回升，雨水多，厚垣孢子萌发成菌丝侵染危害；空气潮湿、气温适宜时，病部表面产生霉状的分生孢子，并随雨水和空气传播再次侵染危害。分生孢子萌发时从隔膜或者两端伸出芽点，然后逐渐伸长和分权形成菌丝侵入寄主表皮。在我国南方，4 ~ 9 月雨水相当丰富，病菌可发生多次再侵染危害，5 ~ 8月为发病高峰期。

（四）防治方法

1. 农业防治　在种植时要适当控制植株密度，及时修剪老弱病残枝，改善通风条件；注意排水防涝，减少病菌滋生条件；雨后及时施药，加强对病害的防治。

2. 化学防治　早春开始用 50% 多菌灵 500 倍液防治，可有效防止病害的发生。

七、菠萝蜜红粉病

（一）危害症状

菠萝蜜红粉病常与蒂腐病菌、根霉菌一起危害，造成果实后期褐色腐烂。病部表面有一层霉状物，初为白色，后为淡粉红色（图 1-46）。

图1-46　菠萝蜜红粉病

（二）病原菌

该病的病原菌为粉红单端孢菌（*Trichothecium roseum*）（图1-47）。其菌丝无色，具分隔；分生孢子梗无色、直立、不分隔或少

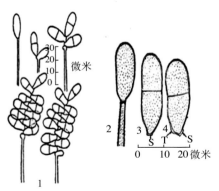

图1-47　粉红单端孢菌

1.分生孢子与孢子的形成顺序　2.分生孢梗第一个孢子的形成　3.脱落的第一个分生孢子（S处指着生脐）　4.后来形成的（非第一个）分生孢子（T处指与隔邻孢子相接触处的加厚部）

分隔，大小（82 ～ 189）微米 ×（2.2 ～ 3.0）微米；分生孢子无色、双胞、长圆形或洋梨形，孢基具一偏乳头状突起，大小（12 ～ 18）微米 ×（8 ～ 10）微米；菌落初为白色，后渐变为粉红色。

（三）发生规律

该病原菌属于弱寄生菌，只侵染寄主抗病性较弱的生长阶段，危害成熟果较多，很少危害青果。病菌多从伤口或自然孔侵入寄主内。水肥管理失调，果实自然裂伤多，有利于病害发生；果实病虫防治不及时，病虫伤较多，树冠郁闭，高温高湿有利于病害发生。因此，病害的发生与果实表面的受伤情况关系密切。运输时，病果可相互接触传染。

（四）防治方法

1. 农业防治　在田间要注意防治危害果实的害虫，要小心采收，运输时尽量避免损伤果实。

2. 化学防治　采收下来的果实用50%可灭丹（苯菌灵）可湿性粉剂800倍液，或20%三唑酮乳油1 000倍液，或40%特克多胶悬剂500 ～ 800倍液浸泡5 ～ 6分钟，晾干后用纸进行单果包装，防止病菌相互接触传染。

八、菠萝蜜酸腐病

（一）危害症状

菠萝蜜酸腐病果实受害部位褐色变软，表面有一层白色的霉层，果实内部很快变褐软腐，并有汁液流出，散发出酸臭味（图1-48）。

（二）病原菌

菠萝蜜酸腐病的病原菌为白地霉（*Geotrichum candidum*）。其菌丝断裂为串生节孢子（图1-49），无色，初为矩形，后呈卵圆形，孢子两端钝圆。

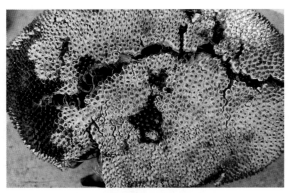

图1-48　菠萝蜜酸腐病果实症状

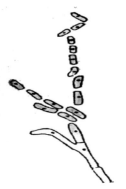

图1-49　白地霉节孢子

（三）发生规律

该病主要危害成熟果。病害发生与果实表面受伤情况关系密切。病菌在落地病果、土壤中越冬，有一定的腐生性。主要借助风雨和昆虫传播。病菌易从受损伤成熟果的伤口侵入。风雨吹袭，果实采收、储运过程接触与摩擦造成损伤，都是该病传播侵染的有利时机。病菌孢子落到成熟果实上吸水萌发，从伤口侵入果肉，吸取果肉部分，同时分泌酶分解熟果的薄壁组织，致使果肉腐坏、变酸发臭。采后储藏期高温高湿易于发病。

（四）防治方法

1. 农业防治　采收、运输时尽量避免损伤果实。

2. 化学防治　果实采收后用双胍盐1 000倍液或40%特克多胶悬剂500 ~ 800倍液浸泡5 ~ 6分钟，晾干后用纸进行单果包装，防止病菌相互接触传染。

九、菠萝蜜白绢病

（一）危害症状

菠萝蜜白绢病主要危害植株根颈部及果实。在潮湿条件下，受害的根颈表面或近地面土表覆有白色绢丝状菌丝体（图1-50）。

后期在菌丝体内形成很多油菜籽状的小菌核，初为白色，后渐变为淡黄色至黄褐色，以后变茶褐色。

果实症状　　　　　　　　　　　病原菌菌落

图1-50　菠萝蜜白绢病

（二）病原菌

该病的病原菌无性世代为半知菌亚门无孢菌群小菌核属齐整小核菌（*Selerotium rolfsii* Sacc）。

（三）发生规律

白绢病菌是一种根部习居菌，以菌丝体或菌核在土壤中或病根上越冬，第二年温度适宜时，产生新的菌丝体。病菌在土壤中可随地表水流进行传播，菌丝在土中蔓延，侵染植株根部或根颈部。在酸性至中性的土壤和沙质土壤中易发病；土壤湿度大有利于病害发生，特别是在连续干旱后遇雨可促进菌核萌发，增加对寄主侵染的机会；连作地由于土壤中病菌积累多，苗木也易发病；在黏土地、排水不良、肥力不足、苗木生长纤弱或密度过大的苗圃发病重。根颈部被强日照灼伤的植株也易感病。

（四）防治方法

1. 农业防治　选择土壤肥沃、土质疏松、排水良好的园地。对轻病植株可挖开根颈处土壤，晾晒根颈部数日或撒生石灰，进行土壤消毒。

2.化学防治 在发病初期可用80%波尔多液可湿性粉剂1 000倍液浇灌或喷洒病部及周围，每隔10天左右喷1次。

第二节 主要害虫防治

一、榕八星天牛

（一）分类地位

榕八星天牛 [*Batocera rubus* (L.)] 属于鞘翅目（Coleoptera）天牛科（Cerambycidae）。

（二）形态特征

雌成虫体长30～46毫米，体宽10～16毫米。体红褐或绛色，全体被绒毛，头、前胸及前足股节较深，有时接近黑色。触角较体略长，具较细而疏的刺，除柄节外各节末端不显著膨大。前胸背板有一对橘红色弧形白斑，前胸侧刺突粗壮，尖端略向后弯；小盾片密生，白色。鞘翅肩部具短刺，基部瘤粒区域肩内约占翅长1/4，肩下及肩外占1/3；末端平截，外端角略尖，内端角呈刺状；每一鞘翅上有4个白色圆形斑，第二个斑最大且靠近中缝，其上方外侧常有1～2个小圆斑，有时和它连接或并合。雄成虫触角超出体长1/3～2/3，其内缘具细刺，从第三节起各节末端略膨大，内侧突出，以第十节突出最长，呈三角形刺状。

卵椭圆形，白黄色，大小为3.0毫米×1.5毫米。

幼虫体圆筒形，黄白色，老熟幼虫体长约80毫米，前胸宽约16毫米，体表密布淡黄白色细毛。前胸背板骨化粗糙，中线明显，近前缘被褐色毛，后半部有由紫黑色近似椭圆形的突起组成的五叉状图形，中间的一叉前方尖呈三角形，左右两侧的叉前方平截呈长方形，边上两个叉呈条状；腹部第一至第七背面步泡突各有两圈由紫黑色组成的扁圆形，外圈的突起约75个，内圈的突起约65个。中胸气门最大，长椭圆形，突入前胸。腹气门椭圆形，气门片褐色。肛门1横裂。

蛹长椭圆形，白黄色，长约71毫米，外有由碎屑作成的茧包裹。

（三）危害特征及发生规律

幼虫蛀害树干、枝条，使其干枯（图1-51），严重时可使植株死亡；成虫危害叶片及嫩枝（图1-52）。该虫1年发生1代。成虫夜间活动食菠萝蜜叶及嫩枝。雌成虫在树干或枝条上产卵，幼虫孵出后在皮下蛀食坑道呈弯曲状，后转蛀入木质部，此时孔道较直，在不等的距离上有一排粪孔与外皮相通，常可见从此洞中流出锈褐色汁液。通常幼虫多栖居于最上面一个排粪孔之上的孔道中。

图1-51　榕八星天牛幼虫危害状

图1-52　榕八星天牛成虫

（四）防治方法

1. 农业防治　加强栽培管理，增强树势，提高树体抗虫能力。将生石灰与水按1：5的比例配制石灰水，对树干基部向上1米以内树体进行涂白。

2. 物理防治　于每年6～8月成虫产卵高峰期经常巡视树干，及时捕杀成虫；发现树干上有小量虫粪排出时，应及时清除受害小枝干，或用铁丝在新排粪孔进行钩杀。

3. 化学防治　在主干低处发现新排粪虫孔时，使用注射器将5%高效氯氰菊酯水乳剂或10%吡虫啉可湿性粉剂100～300倍液注入新排粪虫孔内，或将蘸有药液的小棉球塞入新排粪虫孔内，并用黏土封闭其他排粪虫孔。在主干高处发现新排粪虫孔时，用打孔机在树干80～100厘米高处螺旋式打孔，胸径小于15厘米的每树打2孔，胸径每增加10厘米加打1孔，注射孔直径7～10毫米，孔深以进入木质部5～10毫米为宜，再用高压树干注射机向孔洞内注射药液，按40%噻虫啉悬浮剂：5%高效氯氰菊酯水乳剂：水为1：1：2的比例配制，每孔注射药液2毫升，注药后用黏土将孔密封。

二、桑粒肩天牛

（一）分类地位

桑粒肩天牛 [*Apriona germari*（Hope）] 属于鞘翅目（Coleoptera）天牛科（Cerambycidae）。

（二）形态特征

成虫体长 26 ~ 51 毫米。体黑褐色，全体密被绒毛，一般背面绒毛青棕色，腹面绒毛棕黄色，有时背腹两面颜色一致，均为青棕黄色，颜色深淡不一。头部中央具纵沟；沿复眼后缘有 2 行或 3 行隆起的刻点；雌虫的触角较体略长，雄虫的触角则超出体长 2 ~ 3 节，柄节端疤开放式，从第三节起，每节基部约 1/3 灰白色；前唇基棕红色。前胸背板前后横沟之间有不规则的横皱或横脊线；中央后方两侧、侧刺突基部及前胸侧片均有黑色光亮的隆起刻点。鞘翅基部饰黑色光亮的瘤状颗粒，占全翅 1/4 ~ 1/3 强的区域；翅端内外角均呈刺状突出（图 1-53）。

图 1-53　桑粒肩天牛成虫

卵椭圆形，稍扁平，弯曲，长6～7毫米。初产时黄白色，近孵化时淡褐色。

幼虫体圆形，略扁，老熟时体长约70毫米，乳白色。头部黄褐色。前胸背板骨板化区近方形，前部中央呈弧形突出，色较深，表面共有4条纵沟，两侧的在侧沟内侧斜伸，较短，中央1对较长而浅，沟间隆起部纵列圆凿点状粗颗粒，前几排较粗而稀，色深，向后渐次细密，色淡。腹部背面步泡突扁圆形，具2条横沟，两侧各具1条弧形纵沟，步泡突中间及周围凸起部均密布粗糙细刺突；腹面步泡突具1条横沟，沟前方细刺突远多于沟后方的中段。

蛹长约50毫米，淡黄色。

（三）危害特征及发生规律

桑粒肩天牛2～3年完成1代，以幼虫在树干内越冬。幼虫经过2个冬天，在第三年6～7月，老熟幼虫在隧道最下面1～3个排粪孔上方外侧咬一个羽化孔，使树皮略肿起或破裂，在羽化孔下70～120毫米处作蛹室，以蛀屑填塞蛀道两端，然后在其中化蛹。成虫羽化后在蛹室内静伏5～7天，然后从羽化孔钻出，啃食枝干皮层、叶片和嫩芽。生活10～15天开始产卵。产卵前先选择直径10毫米左右的小枝条，在基部或中部用口器将树皮咬成U形伤口，然后将卵产在伤口中间，每处产卵1～5粒，一生可产卵100余粒。成虫寿命约40天。卵经2天孵化。幼虫孵出后先向枝条上方蛀食约10厘米长，然后调转头向下蛀食，并逐渐深入心材，每蛀食5～6厘米长时便向外蛀一排粪孔，由此孔排出粪便。排粪孔均在同一方位顺序向下排列，遇有分枝或木质较硬处可转向另一边蛀食和蛀排粪孔。随着虫体长大，排粪孔的距离也愈来愈远。幼虫蛀道总长2米左右，有时可向下蛀直达根部。一般情况修蛀道较直，但可转向危害。幼虫多位于最下一个排粪孔的下方。越冬幼虫如遇蛀道底部有积水则多向上移，虫体上方常塞有木屑，蛀道内无虫粪，排粪孔外常有虫粪积聚（图1-54），树干内树液从排粪孔排出，常经年长流不止。树干内如有多头幼虫钻蛀，常可导致干枯死亡。

图1-54　桑粒肩天牛幼虫危害状

（四）防治方法

参照榕八星天牛。

三、黄翅绢野螟

（一）分类地位

黄翅绢野螟（*Diaphania caesalis* Walker）属于鳞翅目（Lepidoptera）螟蛾科（Pyralidae）。

（二）形态特征

成虫体长约1.5厘米，虹吸式口器，复眼突出、红褐色，触角丝状，胸部有两条黑色横纹，前翅三角形，有两个瓜子形黄斑，斑的周围有黑色的曲线纹，黄斑顶部有一个槽形黄色斑纹，在翅的近肩角处有两条黑色条纹，近顶角处有一个塔状的黄斑；后翅有两块楔形黄斑，顶角区为黑色。足细长，前足的腿节和转节为黑色，中、后足长均为1.2厘米左右，中足胫节有两条刺，后足也有两条刺，腹部节间有黑色鳞片，第一、二、三节均有一个浅黄色的斑点，腹部末端尖削且有黑色的鳞片。雌成虫虫体较雄成虫大，前翅靠近肩角的瓜子形黄斑中略近前缘处有一明显的"1"字形黑色斑点。腹部相对雄蛾肥大，末端钝圆，外生殖器交配孔被有整齐较短的黄棕色毛簇，背面毛簇明显长于腹面（图1-55左）。雄成虫体较雌成虫小，前翅靠近肩角的瓜子形黄斑中略近前缘处无"1"字形斑点，或有微弱点状印迹。腹部较瘦小，末端狭长，外生殖器交配孔的周围被有整齐较长的黑色毛簇，静止时其阳具藏于腹部，受到雌蛾释放的性信息素刺激或腹部受到挤压时，腹部末端的抱器瓣会叉开，阳具外突（图1-55右）。

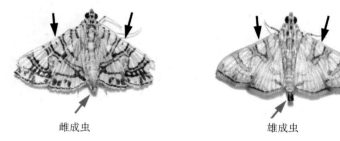

雌成虫　　　　　　　　　　　雄成虫

图1-55　黄翅绢野螟成虫

卵椭圆形，扁平，表面有网状纹。

老熟幼虫体长约1.8厘米，柔软，头部坚硬呈黄褐色，唇基三角形，额很狭，呈"人"字形，胸和腹的背面有两排大黑点，黑点上长毛。前胸盾为黄褐色，胸足基节有附毛片，腹足趾钩二序排列成缺环状，臀板黑褐色。

蛹长1.6厘米左右，幼虫化蛹开始为浅褐色，后变为深褐色，表面光滑，翅芽长至第四腹节后缘，腹部末端生有钩刺，足长至第五腹节。雌蛹第八腹节腹面中央有一纵裂缝，裂缝连接第七、第九腹节，其两侧无突起或略微突起，与肛门裂缝间距较远。此裂缝为第八腹节上的生殖孔和第九腹节上的产卵孔连接而成，生殖孔与第七腹节后缘相连，使裂缝有时延伸向上至第七腹节后缘。第八至第十腹节节间呈两个"八"字形凹陷，腹部末端分节明显。腹部末端具有8根毛钩。雄蛹第八腹节无裂缝，生殖孔位于第九腹节，在第九腹节腹面中央形成一纵裂缝，两侧各有一个半圆形的瘤状突起，与肛门裂缝间距远小于雌蛹。腹部末端分节不明显，但也着生8根毛钩。

（三）危害特征及发生规律

黄翅绢野螟每年5～10月发生，全年发生6～8代。雌成虫产卵于菠萝蜜嫩梢及花芽上，幼虫孵出后蛀入嫩梢、花芽及正在发育的果中（图1-56）。老熟幼虫可在孔道内化蛹，或钻出后吐丝用叶片包裹化蛹，直至成虫羽化后方飞出。侵害幼果时一开始嚼食果皮，逐渐深入至种子，取食的孔道外围有粪便堆聚封住孔口（图1-57），孔道内也有粪便，还常常引起果蝇的幼虫进入取食果肉，使果实受害部分变褐腐烂，影响果品质量，严重时导致果实脱落，造成减产；侵害嫩果柄时则从果蒂进入，粪便排在孔内外，引起果柄局部枯死，导致果实发育不好。

图1-56　黄翅绢野螟幼虫

图1-57　黄翅绢野螟危害菠萝蜜果实状

（四）防治方法

1.物理防治　①果实套袋。果实大小（20～30）厘米×（10～15）厘米时可进行套袋。套袋前1～2天，选用咪鲜胺+高效氯氰菊酯，均匀喷雾果实及其周围叶片、枝条，待药液干后即套袋。喷药后2天内未完成套袋的，应重新喷药。套袋材料宜选用具有一定透气性、透光性，且韧性较强的无纺布袋或珍珠棉袋。②灯光诱杀。在果园内每隔100～150米安装一盏太阳能诱虫灯，要及时清理诱虫灯上的虫体和杂物。③人工捕杀。虫蛀幼果可直接摘除，对虫蛀大果可拨开虫粪，用铁丝沿孔道钩杀幼虫。

2.化学防治　卵孵化盛期至幼虫钻蛀危害前，选用4.5%高效氯氰菊酯水乳剂1000～1500倍液，或2.5%高效氯氟氰菊酯水乳剂2500～3000倍液，或5%甲维盐水分散粒剂2500～3000倍液进行全园喷药，每隔7～10天喷施1次，连喷2～3次。对受害严重的果实，对准果实上的虫洞口喷施1次。

四、素背肘隆螽

(一)分类地位

素背肘隆螽 [*Onomarchus uninotatus* (Serville)] 属于直翅目 (Orthoptera) 螽斯科 (Tettigoniidae)。

(二)形态特征

成虫虫体绿色至淡绿色,触角灰白色,前翅绿色,足淡绿色。头短,前胸背板白色,后缘圆弧形突出,背面较平坦,前翅明显长于后翅,肘脉隆起,雌虫产卵器剑状,向上弯,基部黄褐色,端部黑褐色。

卵椭圆形,白黄色,大小约为3.1毫米×1.2毫米。

若虫虫体草绿色,体型较粗短。触角细长,灰白色,约为体长2倍。白天伏于叶背取食侵害,受惊吓后善跳跃(图1-58)。

图1-58 素背肘隆螽若虫

(三)危害特征及发生规律

该虫在国内菠萝蜜产区几乎都有分布,侵害严重时受害株率达100%,但每年受害程度不一。在海南每年发生2代,以若虫、成虫危害叶片、嫩梢。低龄若虫有聚集侵害的特性，取食叶肉，留下叶脉；高龄若虫及成虫取食全叶，严重时将全株大部分叶片吃光，仅剩下树干与枝条，影响树体光合作用及果实生长发育，并导致树势衰弱（图1-59）。若虫、成虫白天都栖息于叶片背面，紧贴叶中脉，入夜后便进行取食，晚上雄成虫发出"嘟、嘟、嘟"的鸣叫声。

图1-59　素背肘隆螽危害菠萝蜜植株状

（四）防治方法

1. 物理防治　白天先搜查受害叶片最严重的四周，根据该虫成虫飞翔能力不强的特点，再搜索完好的叶片背面，发现该虫后用竹竿击落捕杀。晚上可用手电筒照射正在侵害的若虫、成虫，此时它的触角不停地晃动，容易被发现。

2. 化学防治　雌虫产卵期、若虫孵化期或危害初期，选用2.5％溴氰菊酯悬浮剂2 500 ～ 3 000倍液，或50％辛硫磷乳油1 000 ～ 1 500倍液进行全园喷施，重点喷施有卵痕的枝条及叶片背面，每隔7 ～ 10天喷施1次，连喷1 ～ 2次。

五、绿刺蛾

（一）分类地位

绿刺蛾 [*Parasa lepida* (Cramer)] 属于鳞翅目（Lepidoptera）刺蛾科（Limacodidae）。

（二）形态特征

雌成虫体长 11 ～ 14 毫米，翅展 23 ～ 25 毫米，触角线状；雄成虫体长 9 ～ 11 毫米，翅展 19 ～ 22 毫米，触角基部数节为单栉齿状。前翅翠绿色，前缘基部尖刀状斑纹和翅基近平行四边形斑块均为深褐色，带内翅脉及弧形内缘为紫红色，后缘毛长，外缘和基部之间翠绿色；后翅内半部米黄色，外半部黄褐色。前胸腹面有两块长圆形绿色斑，胸部、腹部及足黄褐色，但前中基部有一簇绿色毛（图 1-60）。

图 1-60　绿刺蛾成虫

卵扁平，椭圆形，暗黄色，鱼鳞状排列。

老熟幼虫体长 19 ～ 28 毫米，翠绿色。体背中央有 3 条暗绿色和天蓝色连续的线带，体侧有蓝灰白等色组成的波状条纹。前胸背板黑色，中胸及腹部第八节有蓝斑 1 对，后胸及腹部第一节、第七节有蓝斑 4 个；腹部第二节至第六节有蓝斑 4 个，背侧自中胸至第九腹节各着生枝刺 1 对，每个枝刺上着生 20 余根黑色刺毛，第一腹节侧面的 1 对枝刺上夹生有几根橙色刺毛；腹节末端有黑色刺毛组成的绒毛状毛丛 4 个。

蛹深褐色，体长 10 ～ 15 毫米。茧扁平，椭圆形，灰褐色，茧壳上覆有黑色刺毛和黄褐色丝状物。

（三）危害特征及发生规律

该虫在海南1年发生2～3代，以老熟幼虫在主蔓及柱体上结茧越冬。翌年4月中下旬越冬幼虫开始变蛹，5月下旬左右成虫羽化、产卵。第一代幼虫于6月上中旬孵出，6月底以后开始结茧，7月中旬至9月上旬变蛹并陆续羽化、产卵。第二代幼虫于7月中旬至9月中旬孵出，8月中旬至9月下旬结茧过冬。成虫于每天傍晚开始羽化，以19～21时羽化最多，羽化时虫体向外蠕动，用头顶破羽化孔，多从茧壳上方钻出，蛹壳留在茧内。成虫有较强的趋光性，白天多静伏在叶背，夜间活动，一般雄成虫比雌成虫活跃，雌成虫交尾后次日即可产卵，卵多产于嫩叶背面，呈鱼鳞状排列，每块有卵7～44粒，多为18～30粒，每只雌成虫一生可产卵9～16块，平均产卵量约206粒。卵期5～7天，幼虫初孵时不取食；2～4龄有群集危害的习性，整齐排列于叶背，啃食叶肉留下表皮及叶脉；4龄后逐渐分散取食，吃穿表皮，形成大小不一的孔洞；5龄后自叶缘开始向内蚕食，形成不规则缺刻，严重时整个叶片仅留叶柄，整株叶片几乎被吃光（图1-61）。

图1-61　绿刺蛾幼虫及危害状

（四）防治方法

1.物理防治　①铲除越冬茧，摘除虫叶。在树干及周边铲除越冬茧，杀灭越冬幼虫，可取得明显的防治效果；低龄幼虫群集于叶背危害，受害叶片呈枯黄膜状或出现不规则缺刻，及时摘除虫叶，可防止扩散蔓延危害。②灯光诱杀。成虫羽化期间，利用成虫的趋光性在园区周围设置黑光灯，可诱杀大量成虫，减少产卵量，降低下一代幼虫危害程度。

2.生物防治　绿刺蛾的天敌主要有猎蝽和寄生蜂，幼虫感染颗粒病毒也是限制其种群数量的重要因素，保护和利用这些天敌及生物因子对幼虫的发生数量有一定的抑制作用。

3.化学防治　卵孵化高峰期和低龄幼虫集中危害期，选用20％除虫脲悬浮剂1 000倍液，或2.5％高效氯氟氰菊酯水乳剂3 000倍液进行全园喷雾，每隔7 ~ 10天喷施1次，连喷2 ~ 3次。

第三节　综合防治

一、防治原则

菠萝蜜病虫害的防治原则是贯彻"预防为主，综合防治"的植保方针，依据菠萝蜜主要病虫害的发生规律，综合考虑影响其发生的各种因素，采取以农业防治为基础，协调应用化学防治、物理防治等措施，实现对菠萝蜜主要病虫害的安全、有效防控。

二、综合防治措施

1.农业防治

（1）园地选择与规划　应选择坡度≤25°、土质肥沃、易于排水的沙壤或砖红壤地块，避开地势低洼或台风多发的地区。园区四周应种植防护林，园区内外开设排水沟，做到大雨不积水。

避免选择前茬作物根病发生严重的地块种植。定植前应清除前茬作物的树头、树根等。

（2）日常管理 搞好果园卫生，及时清除病虫叶、病虫果、杂草及地面枯枝落叶，并集中烧毁或深埋。加强肥水管理，增施有机肥和磷钾钙肥，不偏施氮肥，适时排灌。果实采收后进行合理修剪，剪去交叉枝、下垂枝、徒长枝、过密枝、弱枝和病虫枝等。采收时要防止果实遭受机械损伤。

2. 物理防治

（1）果实套袋 宜采取果实套袋防治黄翅绢野螟等。经疏果、定果后，套袋时间以果实大小（20～30）厘米×（10～15）厘米为宜。套袋前1～2天，选用咪鲜胺+高效氯氰菊酯，均匀喷雾果实及其周围叶片、枝条，待药液干后即套袋。喷药后在2天内未完成套袋的，应重新喷药。果袋材料宜选用具有一定透气性、透光性，且韧性较强的无纺布袋或珍珠棉袋。

（2）人工捕杀 黄翅绢野螟、天牛等害虫零星发生时，或绿刺蛾、素背肘隆蠢低龄幼（若）虫聚集危害期，进行人工捕杀。对危害嫩梢、叶片的幼（若）虫或成虫直接捕杀；虫蛀幼果直接摘除，对大的虫蛀果拨开虫粪，用铁丝沿孔道钩杀幼虫；对蛀干天牛幼虫用铁丝沿树干最新2～3个排粪孔钩杀幼虫。

（3）树干涂白 采果后进行果园清洁，用生石灰1份、硫黄粉2份、水10份配制成涂白剂进行树干涂白，防止天牛在树干产卵。

（4）灯光诱杀 对黄翅绢野螟和绿刺蛾成虫进行灯光诱杀。在果园内每隔100～150米安装一盏太阳能诱虫灯，并及时清理诱虫灯上的虫体和杂物。

第六章

菠萝蜜收获和加工

第一节 收 获

一、采收标准

一般来说，菠萝蜜从开花到果实成熟，需要4～5个月。在海南，一般品种的菠萝蜜在夏季高温来临之际果实已成熟，4～6月为果实发育盛熟期。菠萝蜜果实有后熟性，果实成熟与否关系到果实的储运、加工和销售等环节。生理成熟的菠萝蜜，芳香浓郁、味甜如蜜。菠萝蜜食用部分是由花被片膨大而成的果苞，如过早采摘，则甜度低、口感差、香气不足，且果肉色泽偏白；过熟采摘则有些苦味（这是由于果肉中的酒精增加所致），而且极不耐储运。作为食用果肉为目的的成熟果实，其采收有下列几项成熟标准。

（1）果柄已经呈黄色。

（2）在树上离果柄最近一片叶片变黄脱落，为果实成熟的特征。如见此叶片黄化，果实有八九成熟，采下后熟2～3天，品质最好。

（3）用手或木棒拍打果实时，发出"朴、朴、朴"的混浊音，表明已成熟；发出清脆音、沉实音，则未成熟。

（4）外果皮上的刺逐渐稀少、迟钝，果皮上的肉瘤圆突，外形丰满。外果皮变为黄色或黄褐色（少数品种仍保持绿色）。

（5）用利器刺果，流出的乳汁变清，表明即将成熟。用器物擦果皮上的瘤峰，如果脆断且无乳汁流出，表明即将成熟。

（6）直接在果实上挖小洞察看，果肉变淡黄色者，已接近成熟。

根据以上标准采收后的果实，自然放置几天即可成熟鲜食，但不能冷藏。一般干苞型菠萝蜜如有外伤感病，仍可保存7～15天；如果在11.1～12.7 ℃、空气湿度85%～90%条件下储藏，可保存6周。但菠萝蜜一般不耐储运，最好采收前做好准备工作，随采随运，就近加工或销售。至于湿苞型菠萝蜜，成熟后其外皮软且易剥皮，果柄带果轴自行脱落，易发酵腐烂，极不耐储藏。

建议在菠萝蜜种植园的果树上，在开花时给予挂牌，标注开花时间，以作为未来进行有计划地分期分批采收果实的根据。

二、采收方法和采后处理

菠萝蜜树结果部位较低，在树干下端结的果实采收相对容易进行。但结在高位或树端的果实，如果想采摘后随手拿下来，则难以进行。因为菠萝蜜果实多数大而重，如果从高处砍断果柄后让其自然落地，果实很容易跌伤导致腐烂。正确方法是：一人爬到树上，将高位的熟果用绳子绑起来，然后将绳子一端盘绕在高处树杈上，另一端由地上的另一人抓紧，砍断果柄后让它小心顺滑至地面。一人操作的话，有爬上爬下之劳。用这种方法采收可避免果实损坏。大量采收后成熟的菠萝蜜果应尽快就地加工或销售。如果菠萝蜜果实有八九成熟，2～3天后就完全成熟了。对于不够成熟的果实，当地群众普遍采用将烧过的木棒从果柄旁插入，或者在通风的地方用麻袋包起来的方法处理，几天后也会成熟。对外销的菠萝蜜果实，采收后先存放在干燥阴凉的地方，不要堆放，避免压伤而烂果。运销时，把果形小、外伤、内伤、畸形的果剔除。装运时最好用竹箩筐分装，每个菠萝蜜用旧报纸或其他包装物包裹；货运车顶要求加盖顶篷，尽量避免长途运输中震坏、晒坏。值得一提的是，海南兴隆地区菠萝蜜收购商贩常用利刀在果实基部切一小口，以检查果肉色泽是否带黄色，然后再用白灰抹伤口，这不失是一个把好质量关的好方法。

市场销售时，可整果出售或剖切零售。剖切零售时要注意把不好吃的筋（腱或俗称肉丝）去除，抹净黏胶，让果苞肉显得黄澄澄且饱满，这样更吸引顾客。

三、幼果、青果的利用

在进行菠萝蜜树栽培管理过程中，经常要疏果，即把结果过多、过密或者果形不理想的幼果、青果摘下。这些摘下的幼果、青果在印度尼西亚一些菜馆中可以做成多种菜肴，有一种叫rendang的菜肴正是利用菠萝蜜青果切块加些佐料制成的，很受当地百姓喜爱；青果果肉可作凉拌菜或像炸马铃薯片那样食用，或煲汤食用。除此之外，把菠萝蜜幼果、青果煮烂，可作猪饲料或鱼饲料。

第二节　加　　工

近年来，菠萝蜜已逐渐成为食品科学与技术专家关注的焦点。Baliga等通过分析发现，菠萝蜜果肉中含碳水化合物16.0%～25.4%，蛋白质1.2%～1.9%，脂肪0.1%～0.4%，矿物质0.87%～0.9%。Chowdhury等检测表明，孟加拉国首都达卡市售菠萝蜜不同部位所含的总糖、游离脂肪酸含量丰富。菠萝蜜果肉营养价值高且同时富含钾、维生素B_6、黄酮类化合物等，具备治疗心血管疾病、胃溃疡和改善皮肤等功能，可研制不同市场类型的产品并进行产业化开发。

菠萝蜜果实采收期集中，仅以鲜果销售为主，不耐储运，销售期短，整体综合效益不高，需加工成产品才能增加市场效益。

国内外菠萝蜜果肉产品加工技术发展较快，已有工业化加工应用。近年来，香饮所对菠萝蜜果肉、种子加工工艺与综合利用技术的研发取得重要进展，为今后工业化加工生产提供了技术支撑。

朱科学等探讨了梯度降温真空冷冻干燥技术及工艺条件。Saxena对菠萝蜜果肉热风干燥进行了初步研究，并对热风干燥过程中果肉的颜色和黄酮类化合物的变化情况进行了研究。Ukkuru对果酒的工艺流程进行了初步探索并研制出果酒产品。Joshi开展了菠萝蜜果肉打浆汁接种酵母厌氧发酵生产白酒的研究。谭乐和探索了菠萝蜜果酱加工工艺并得到最佳工艺条件。李俊侃采用控温发酵技术，以菠萝蜜果肉为原料，探索了菠萝蜜果酒酿造工艺。

除菠萝蜜果肉外，一个成熟的菠萝蜜果实里还含有100～500粒种子，约占果实总重量的1/4。种子富含碳水化合物（干基含量高达77.76%）、蛋白质、脂肪、膳食纤维和其他微量元素等，可食用。国内外已有菠萝蜜种子营养学特性及潜在应用方面的相关报道。Kumar等检测了菠萝蜜果实中种子的组成成分。Madrigal-Aldana等考察了两种菠萝蜜果实中种子淀粉在未成熟果和成熟果中的微观形貌和化学组成变化。Zhang等从5个不同品种的菠萝蜜种子里提取淀粉，并对比其直链淀粉含量、微观结构和粒径等显著影响淀粉物理化学性质的因素。

菠萝蜜种子在面包制作、红曲霉色素生产、蛋白酶抑制剂提取等方面有初步应用，此外关于菠萝蜜种子的报道都集中在淀粉方面，尤其在化学改性淀粉、材料、焙烤食品、食品添加剂等方面有初步应用报道。Tulyathan等表明，最高可添加20%菠萝蜜种子粉制作面包。Babitha等采用菠萝蜜种子作为原料发酵生产红色素。Bhat和Pattabiraman表明，菠萝蜜种子是分离胰蛋白酶抑制剂的天然原料。Kittipongpatana等提取菠萝蜜种子淀粉进行羧甲基、羟丙基、磷酸交联化改性，制备化学改性淀粉。Dutta等采用乙醇-盐酸处理提取菠萝蜜种子淀粉并制备化学改性淀粉。Ooi等将提取的菠萝蜜种子淀粉作为生物降解促进剂应用在聚乙烯膜里。Jagadedsh等将提取的菠萝蜜种子淀粉作为原料制作印度焙烤食品rapad。Rengsutthi等将菠萝蜜种子淀粉作为稳定剂和增稠剂应用到调味酱中。

国内菠萝蜜栽种规模发展迅速，但栽种品种繁多，而且鲜果采收期集中，销售期短，不耐储运，加上缺乏成熟配套的加工技术，造成其经济效益增加不明显、市场产品匮乏且质量参差不齐难以远销，副产物不加利用造成资源浪费等问题，严重制约了菠萝蜜加工产业持续健康发展。为此，近年来国内中国热带农业科学院香料饮料研究所等单位系统开展了菠萝蜜产业化配套加工关键技术及系列新产品研发，研究菠萝蜜产业化配套加工关键技术，熟化了加工工艺，研发出系列新产品，研究制定了质量控制标准，并实现了标准化中试生产，为今后我国菠萝蜜产业化加工提供了成熟配套的技术支撑，有利于提高产品附加值与市场竞争力，促进产业向工程化、规模化、市场化、品牌化发展，促进热带地区优势产业结构调整进而带动相关行业进步，对提高我国菠萝蜜加工的科技创新能力和市场影响力具有重要的理论与现实意义。

下面介绍菠萝蜜主要产品的加工技术。

一、菠萝蜜果干加工

（一）工艺流程

鲜果（干苞类型）→选别→洗涤→取果肉→入盘→烘干→回软→整形→复烘→包装

（二）操作要点

①选别。应选择成熟、干苞类型菠萝蜜果实，视原料具体情况用水或压缩空气除去果实表面的沙子等污物。

②取果肉。用利刀纵切果实成两半，除去果心，层层剥出果肉，去种子。操作过程要注意清洁卫生，以减少原料带菌量。

③烘干。将果肉整齐地铺放于烘盘（或烘筛）上，放入干燥设备。

关键控制点：为使干制过程果肉水分得到蒸发，分前、中、后期不同的控温和时间的方法，即干制前期用85℃，1小时，这样可避免果肉表面水分过早形成干渍而影响果肉内的水分扩散蒸发；干制中期烘干温度视料层厚度控制在60～70℃，8～12小时，中间翻盘1次，使果肉表面有部分干渍出现，最后达到八九成干时即停止干制，让果肉回软1天，略为整形；干制后期控制烘干温度在75～80℃，约2小时，干制结束。

二、菠萝蜜蜜饯（果脯）加工

（一）工艺流程

鲜果→分级→洗涤消毒→切分→硬化、护色→透糖→烘干→成品

（二）操作要点

①采收标准。选择成熟、无病虫害的菠萝蜜果实。

②洗涤消毒。将果实置于次氯酸钠溶液中浸泡、洗涤、消毒。

③切分。果实切开，除去果心，剥出果肉，去种子。操作过程要注意卫生，以减少原料带菌。

④硬化与护色。把菠萝蜜果肉在0.1%氯化钙及0.1%亚硫酸氢钠溶液中浸8小时。

⑤透糖。预处理后菠萝蜜果肉用砂糖干腌，原料与砂糖的比例为1∶0.5。腌制时，应一层菠萝蜜果肉一层砂糖，最上面还要覆盖一层砂糖。砂糖腌制时间为8小时，然后抽出糖水，把糖水倒入锅浓缩，再将果肉倒入糖水中，糖水浓度达到55%～60%。经过糖水浸渍，菠萝蜜果肉糖分达到55%～60%。

⑥烘干。采用55℃热风干燥。

⑦成品。采用复合袋包装。

关键控制点：透糖是菠萝蜜蜜饯加工的关键控制点。真空透糖技术是利用真空压力的变化对产品进行糖液渗透，通过抽真空挤出果肉内的空气和多余水分，恢复常压使缺少空气的果肉迅速吸进高浓度糖液。采用此技术可大大缩短浸渍时间，有效地减少果实营养成分的损失，提高产品的营养价值，同时减少与空气中氧离子的接触，降低多酚氧化酶的活性，最大程度地保持原果风味。采用此方法生产的菠萝蜜果脯成品质地柔韧，光亮透明（图1-62）。传统的蜜饯生产工艺，其制品营养成分损失严重、口感甜腻、果味淡。合理控制加热温度、时间及浸糖液浓度，避免加热温度高、时间长、浸糖液浓度不足引起产品煮干缩、易破损等现象，导致果脯产品失去光泽，影响成品质量。

图1-62 菠萝蜜蜜饯

三、菠萝蜜干（脆片）加工

微波是食品加工的一种重要手段。果蔬类物料在微波加热过程中存在膨化效应，同时具有杀菌、保持食品营养素及色香味、省时、节能等优点。菠萝蜜干（脆片）就是采用微波技术或油炸膨化技术来加工，此产品较好地保持了菠萝蜜果肉的口感和香味。在印度尼西亚，这种加工产品能出口畅销中国香港以及日本和韩国等。在海南，亦有少数企业生产此产品销售。下面简要介绍微波膨化加工菠萝蜜脆片的技术要点。

（一）工艺流程

鲜果（干苞类型）→选别→取果苞去种子→切分→清洗、浸

泡→沥干→预干燥→水分均衡→微波膨化→固化处理→成品

（二）操作要点

①预干燥。将菠萝蜜果苞放在电热干燥箱中，干燥至适宜水分质量分数（0～35%）；或先用微波脱水后放在电热干燥箱干燥至适宜水分质量分数（0～35%）。

②微波膨化。将水分均衡后的果苞整齐放在大玻璃平皿中，送入微波炉膨化（微波炉功率750瓦，时间25～35秒）。

③固化处理。采取2种固化方式，方式一是将果苞放在电热干燥箱中，45～60℃保持2～4小时；二是按方式一处理后，装入保鲜袋中密封，置于5℃冰箱冷藏24小时。

四、菠萝蜜冻干果脆加工

（一）工艺流程

菠萝蜜鲜果→分级→洗涤消毒→切分→装盘→预冻→程序梯度降温干燥→包装→成品

（二）操作要点

①采收标准。选择成熟、无病虫害的菠萝蜜果实。

②洗涤消毒。将果实置于次氯酸钠溶液中浸泡、洗涤、消毒。

③切分。果实切开，除去果心，剥出果肉，去种子。操作过程要注意卫生，以减少原料带菌量。

④装盘。原料装盘时应均匀逐一平放，不叠加堆放。

⑤预冻。将装盘的水果片放入－40℃低温冷冻6小时。

⑥程序梯度降温干燥。采用真空冷冻干燥机预冻30分钟，然后将预冻好的样品放入真空冷冻干燥机中，抽真空至40帕以下，分3段处理：30分钟升温到90℃，保持1小时；30分钟降低到80～85℃，保持2小时；再30分钟降低到60～65℃，保持8小时。

⑦包装。真空包装，整个过程要注意卫生，防止带菌生产。

关键控制点：预处理条件和程序梯度降温真空冷冻干燥是菠

萝蜜冻干果脆加工的关键控制点。采用香饮所自行研制的连续杀青设备进行菠萝蜜果肉的预处理，该设备利用多组电阻加热式，热水温度由温控系统控制，确保水温恒定（温差≤2 ℃）；pH根据酸度调节计调整；根据果肉大小级别由可调速的有隔板网带式输送机均匀送入热水杀青槽中进行杀青，时间通过输送速度控制，

保证了果肉受热的均匀性，避免杀青温度过高或过低的现象，而且整个预处理过程不用手工翻动，使鲜果肉表皮损伤率降低至最小，做到清洗、预处理一体化，连续工作，效率是传统预处理方法的3倍，大大节约了能源，降低了劳动强度。菠萝蜜冻干果脆产品见图1-63。

图1-63 菠萝蜜冻干果脆

五、菠萝蜜复合果酱加工

（一）工艺流程

鲜果→分级→洗涤消毒→切分→打浆→熬煮→调配→灌装、密封→杀菌冷却→成品

（二）操作要点

①采收标准。选择成熟、无病虫害的菠萝蜜果实。

②洗涤消毒。将果实置于次氯酸钠溶液中浸泡、洗涤、消毒。

③切分。果实切开，除去果心，剥出果肉，取种子。操作过程要注意卫生，以减少原料带菌量。

④打浆。用打浆机将果肉打成果肉泥，种子清洗、蒸煮、去皮、粉碎、精细研磨后制成种子泥。

⑤熬糖。将白砂糖完全溶解在水中，熬糖温度保持在

120 ~ 150 ℃，并不断搅拌，当糖液熬至含水量约25%时，取出，过滤去杂，同时加入菠萝蜜种子泥和果肉泥；其中，白砂糖与加入菠萝蜜种子泥的重量比为1 :（1.1 ~ 1.2），白砂糖与加入菠萝蜜果肉泥的重量比为1 :（0.6 ~ 0.8）。

⑥调配。加入0.005%食品级柠檬酸和0.2%琼脂，搅拌混合均匀。

⑦罐装与密封。空罐洗涤，并用95 ~ 100 ℃热蒸汽消毒8 ~ 10分钟，罐盖用沸水消毒3 ~ 5分钟或以75%酒精浸泡，酱出锅后最好在30分钟内装完。采用排气密封法，罐温应保持在85℃以上，尽量减少顶隙，用抽气密封法时，真空度应控制在30.02千帕，装罐时要防止果酱沾到罐口和外壁造成污染。

⑧杀菌与冷却。巴氏杀菌，四段式：一段65 ℃、5 ~ 6分钟，二段85 ~ 90 ℃、20 ~ 25分钟，三段45 ℃、10分钟，四段常温、10分钟。

关键控制点：杀菌和灌装是菠萝蜜果酱加工的关键控制点。本项目采用四段式巴氏杀菌，杀灭果酱中的各种微生物，以保证产品质量达到标准规定的卫生要求。同时，采用抽气密封法可避免密封不良或杀菌不足造成内容物腐败变质。菠萝蜜果酱直接采用新鲜菠萝蜜果肉复配种子加工而成，属纯天然果味酱，色泽呈金黄色，具有菠萝蜜果肉的芳香及细腻爽滑的口感，显著提高了菠萝蜜果实利用率。

六、菠萝蜜种子罐头加工

（一）工艺流程

菠萝蜜种子→去皮→修整护色→预煮、冷却→装罐、排气封口→杀菌冷却→包装→成品

（二）操作要点

①菠萝蜜种子。选新鲜饱满、风味正常、无虫蛀、无霉变、不发芽的菠萝蜜种子作罐头的原料。

②去皮。称取菠萝蜜种子，煮20分钟，至种子表皮稍裂壳，冷却，去种皮和种衣，得到处理后的种子洗净待用。

③修整护色。用0.1%食盐和0.1%柠檬酸混合液护色。在护色的同时加以修整，去除残皮和损伤部分。

④预煮冷却。预煮液中加入0.01%～0.02%乙二胺四乙酸二钠。预煮液的量约为种子重量的2倍。预煮分3次进行：第一次在50～60℃的预煮液中煮10分钟；第二次在75～85℃的预煮液中煮15分钟；第三次在95～100℃的预煮液中煮25～30分钟，直到煮透为止。预煮后立即用流水冷却。

⑤罐装与密封。空罐清洗，并用95～100℃热蒸汽消毒8～10分钟，罐盖用沸水消毒3～5分钟或以75%酒精浸泡，并灌入浓度为16%左右的糖水。在糖水中加0.01%～0.02%乙二胺四乙酸二钠。罐头出锅后最好在30分钟内装完。采用排气密封法，罐温应保持在85℃以上，尽量减少顶隙。用抽气密封法时，真空度应控制在30.02千帕。

⑥杀菌与冷却。杀菌温度121℃，杀菌时间30分钟，冷却后于－4℃密封冷藏。

关键控制点：种子口感改良技术是菠萝蜜种子罐头加工的关键控制点。采用种子口感改良技术使种子中凝集素和蛋白酶抑制剂活性降低95%以上，使种子不再显示苦味和麻味，生产出的菠萝蜜种子罐头保留了种子的全部营养。

七、菠萝蜜种子西饼加工

（一）工艺流程

菠萝蜜种子→干制→磨粉→调粉→揉团定型→切块→烘烤→冷却包装→成品

（二）操作要点

①调粉。首先将奶油、牛奶、糖粉、果酱充分混合，打匀，

再加入低筋面粉和菠萝蜜种子全粉，充分混合后打匀。

②揉团定型。将面团揉搓成宽6厘米、高3厘米的矩形，放入－4℃的冰箱中冷藏30分钟。

③切块。将面团切成厚5毫米、符合要求的形状。

④烘烤。将饼干坯整齐地摆入烤盘中，置于电烤箱进行烘焙，烤箱在烘烤之前必须先提前10分钟调至烘烤温度空烧（烤箱越大，预热时间就越长），让烤箱提前达到所需要的烘烤温度，烤箱面火温度180～220℃，底火温度140～160℃，烘烤12～20分钟。

⑤冷却包装。将烘烤好的饼坯取出，冷却后包装、封口即得成品。菠萝蜜种子西饼系列见图1-64。

图1-64　菠萝蜜种子西饼系列

关键控制点：烘烤是菠萝蜜种子粉饼干加工的关键控制点。采用双面控温法烘烤饼干，烘烤出的产品疏松而不变形，饼干口感好，保质期长。让烤箱提前达到所需要的烘烤温度，使饼干一放进烤箱就可以烘烤，否则烤出来的饼干又硬又干，影响口感。炉温高低直接影响饼干的膨胀起发、外观色泽、结构层次、口感、成品率和质量档次。温度过高，饼坯表面变硬速度加快，阻止二氧化碳及水蒸气等气体向外散发，当饼坯不断受热，内部气体膨胀力增大，难逸散，致使饼坯表面容易起泡，气体突破饼面，使饼坯无法膨胀，造成变形严重，破裂多，甚至饼干的内部水分排除不彻底，产生外焦里生或含水量高的现象；温度低，饼坯内产气量少，饼坯膨胀起发不够，分解乳化不完全，造成残留物多，异味无法逸出，因而口感差，色泽淡白，含水量高，影响质量及货架期。烤箱面火温度180 ~ 220 ℃，底火温度140 ~ 160 ℃，烘烤12 ~ 20分钟，可避免温度过高产生外焦里生的现象，同时避免温度低滋生微生物。

八、菠萝蜜种子淀粉加工

（一）工艺流程

菠萝蜜种子→去皮→研磨→离心→酶反应→过筛→沉淀→抽滤→冻干→成品

（二）操作要点

①菠萝蜜种子。选新鲜饱满、风味正常、无虫蛀、无霉变、不发芽的菠萝蜜种子作罐头的原料。

②去皮。将新鲜的菠萝蜜种子放入电热鼓风干燥箱内烘干1.5小时，外皮略干内皮湿润时用去皮机快速去种皮和种衣。

③研磨。加入一定的水后用搅拌机将菠萝蜜种子打成0.5 ~ 1毫米的颗粒，再用胶体磨研磨2分钟。

④离心。用离心机离心淀粉浆液（2 500 ~ 3 000 转/分钟，25 ~ 30 分钟），弃去上层清液，得到沉淀物。

⑤酶反应。将沉淀物与0.1%蛋白酶溶液以1∶4的比例混合，置于摇床上（50 ℃）反应36 小时。

⑥过筛。反应结束后用80目纱布过滤浆液，滤渣用蒸馏水洗涤3次过滤，合并滤液离心。

⑦沉淀。4℃沉淀，上清液丢弃，粗淀粉用蒸馏水洗涤，重复3次。

⑧抽滤。用循环水式多用真空泵将淀粉溶液脱水。

⑨冻干。湿淀粉真空干燥（− 30℃冷冻3 小时，30 分钟内升温到50 ℃，恒温真空干燥10 小时）。

关键控制点：酶反应是菠萝蜜种子淀粉加工的关键控制点。温度高于60 ℃，蛋白酶开始变性，部分失活；温度低于60 ℃，酶活性受到抑制，淀粉的提取率降低。中性蛋白酶使包绕淀粉的蛋白质充分酶解，蛋白质与淀粉不断分离，从而提高菠萝蜜种子淀粉的提取率。8 小时后，蛋白质大部分被降解，与蛋白质结合的淀粉几乎全部被分离而提取出来，因而提取率趋于平稳，即使延长时间，淀粉提取率也无显著变化，且长时间的反应容易导致酶失活，同时淀粉颗粒的结构变得疏松。料液比大于 1：4 时，含水量低，底物与酶接触不充分；料液比小于 1：4 时，酶与底物的结合概率下降，都导致淀粉得率降低。酶浓度达到过饱和时，酶与底物产生竞争，对蛋白酶产生抑制作用，一部分酶分子没有与底物接触，导致蛋白质酶解率降低，淀粉提取率下降。

九、菠萝蜜饮料加工

（一）工艺流程

鲜果→选别→洗涤→取果肉→热烫→糖渍→打浆→调配→均质→超高温瞬时杀菌→灌袋→封罐→杀菌及包装

（二）操作要点

①选别。选择成熟菠萝蜜果实，不选用未成熟果，剔除病虫果、腐烂果。

②洗涤。除去菠萝蜜果实表面污物。

③取果肉。用利刀（竹刀或不锈钢刀）纵切菠萝蜜果实，完整地切除果心，然后剥出果肉，取出种子（可作他用）。

④热烫。将取出的果肉放入沸水中热烫 1 分钟，以杀灭有害微生物，使酶钝化，部分黏物质聚结，并使果肉组织软化。

⑤糖渍。按果肉：糖=1：1 的比例用糖腌制果肉，并储存于常温或 10 ℃ 低温下，具体视储存期长短而定。

⑥打浆。用打浆机将果肉打成浆状，滤除纤维等渣粕，以获取果浆。

⑦调配。将果浆与辅料进行调配。

十、菠萝蜜果酒加工

（一）工艺流程

鲜果→分级→洗涤消毒→切分→打浆→酶解→发酵→过滤→
罐装→成品

（二）操作要点

①采收标准。选择成熟、无病虫害的菠萝蜜果实。

②洗涤消毒。将果实置于次氯酸钠溶液中浸泡、洗涤、消毒。

③切分。果实切开，除去果心，剥出果肉，去种子。操作过
程要注意卫生，以减少原料带菌量。

④打浆。用打浆机将果肉打成果浆。

⑤酶解。用柠檬酸调节果浆 pH 至 3.5～5.5，再与淀粉酶、纤
维素酶、果胶酶混合，经酶解，得到酶解液。

⑥发酵。接种酵母，在 20～30 ℃进行主发酵 7～9 天，然后
降温至 15～20 ℃进行后发酵 15～30 天，得到发酵液。

⑦过滤。用垫有石棉纤维素衬料的压滤机将发酵液过滤。

⑧灌装。酒瓶冲洗、沥干水后即可灌装。杀菌条件：65～70℃、
15～25 分钟。

图1-65　菠萝蜜果酒

关键控制点：发酵是菠萝蜜果酒加工的关键控制点。采用不同菌种发酵，活化是关键影响因素。菌种需培养基接种培养，控制菌种与培养基的比例、培养时间和温度，确保菌种的成活率。采用厌氧发酵，发酵条件是关键影响因素。合理控制发酵液的料液比、起始糖度、菌种接种量和反应温度，确保菌种的工作效率和菠萝蜜果酒产品的品质。菠萝蜜果酒产品见图1-65。

十一、菠萝蜜酸奶加工

（一）工艺流程

鲜果（湿苞类型）→洗涤→取果肉去种子→微波加热→打浆→杀菌→冷却→果浆

白糖、稳定剂

↓

奶粉→水合→预热→调配→均质→杀菌→冷却→接种→发酵→冷却→搅拌破乳→加果浆→混合→灌装→冷却

（二）操作要点

1. 制备菠萝蜜浆

①原料的处理。原料应选用成熟的湿苞类型品种，用水洗净表面，晾干。用刀纵切菠萝蜜果实，先把果心切除，然后再剔取果肉，以避免乳胶物混入果肉中。

②微波加热。微波加热可钝化酶的活性，杀灭微生物，并使果肉软化，时间为5～10分钟。

③打浆。果肉加入一定量的水，用打浆机打成浆状。

④杀菌。将果浆加热到95 ℃保持5分钟，然后冷却备用。

2. 制备发酵乳

①菌种的活化。在无菌操作条件下，用灭菌接种勺将菌种接入灭菌脱脂牛奶培养试管中，于43 ℃培养7小时或37 ℃培养过夜，镜检细胞形态好、无杂菌。

②母发酵剂的制备。将50毫升脱脂乳装于150毫升的灭菌三角瓶中，于115 ℃灭菌20分钟，降温至43 ℃，接入乳量2%～3%的活化菌种，充分混匀后置于42 ℃培养箱中培养6～8小时至乳凝固。

③生产发酵剂的制备。将染色镜检纯一的母发酵剂接种2%～3%至盛有灭菌原料乳的大三角瓶中，充分搅拌，于42 ℃下培养6～8小时至乳凝固，然后降至6 ℃以下冷藏备用。

3.制备菠萝蜜酸奶

①奶粉添加剂处理。稳定剂与白糖干法混合后加入少量的水，搅拌加热到60 ℃，过滤，去除杂质。

②均质、杀菌、冷却。预热后的奶液在18～20兆帕下均质，然后升温到95 ℃保持10分钟，通过冷热交换降温到45 ℃。

③接种、发酵。选择合适的菌种，按乳量的2%～3%加入奶中，混合均匀，送入发酵房，在42 ℃下发酵3～5小时，当乳液凝聚、酸度到60～70°T时终止发酵。

④冷却、搅拌、加果料。发酵好的奶液冷却到25 ℃，搅拌降温至12 ℃，同时加入果浆和香精，低速充分搅匀。

⑤灌装、冷藏。将产品灌装、封口，放入6 ℃以下低温冷藏12～24小时，待各种风味渗透在一起即可。

此外，在印度尼西亚，利用菠萝蜜果肉经粉碎后加白糖、椰子油、防腐剂，经煮晒，制成菠萝蜜糕（称之为dodol的食品）。

第七章

菠萝蜜营养成分、应用价值及发展前景

第一节 营养成分及应用价值

在海南，菠萝蜜果实虽为廉价的大宗果品，但却含有丰富的营养成分。此外，其木质致密，是优质用材，制作成的家具少受白蚁侵害；叶和果皮可作饲料；种子淀粉含量高，既可煮、炸食用，也可代粮食用；从果皮中提取的果胶可制作果冻；树皮中的乳液含有树脂。可见，菠萝蜜是有多方面用途的果树。

菠萝蜜果实中可食用的果肉等含有碳水化合物、蛋白质、脂肪等营养成分以及多种微量元素（表1-2来自文献，表1-3至表1-5来自香饮所研究结果），营养丰富，开发利用价值高。果实的每一部分均可利用，既可作为食品或饮料，又可作为动物饲料等。菠萝蜜除生食外，还可制成果汁、果酱、果酒以及蜜饯等食品。最近国内的研究表明，用菠萝蜜果实制成的果汁和果酒气味香浓，别具风味。若开发该系列产品并投放市场，定会受到消费者欢迎。制成的菠萝蜜罐装食品或饮料，既可以延长菠萝蜜的保质期，又可以增加不同类型果品供应市场，满足人们需求，因而开发潜力很大。在马来西亚东部地区，人们常用菠萝蜜制成美味的haiva蜜饯，或从果肉中蒸馏出来的汁与甜果汁、椰子汁和黄油混合，熬浓至近凝固状冷藏，可保存数月之久。菠萝蜜未充分成熟的果肉

表1-2 菠萝蜜营养成分分析（每100克可食用部分含量）

资料来源	取样部位	水分(%)	热量值(千焦)	碳水化合物(%)	粗蛋白(%)	蛋白质(%)	脂肪(%)	淀粉(%)	纤维(%)	还原糖(%)	含油量(%)	总酸(%)	总矿质(%)	钙(毫克)	磷(毫克)	铁(毫克)	钾(毫克)	维生素C(毫克)	维生素B$_1$(毫克)	维生素B$_2$(毫克)	维生素A(IU)
印度明加诺	未熟果肉	84	—	9.4	—	2.6	0.3	—	—	—	—	—	0.9	50	97	1.5	246	11	0.25	0.11	0
	成熟果肉	77.2	352	18.9	—	1.9	0.1	—	1.1	—	—	—	0.8	20	30	500	—	—	30	—	540
	种子	64.5	—	25.8	—	6.6	0.4	—	—	—	—	—	1.2	21	28	—	—	—	—	—	17
海南中心化验室	干苞果	—	—	—	—	0.309	—	—	0.43	5.23	—	0.17	—	—	—	—	—	5.39	—	—	—
	种子	—	—	—	—	2.49	—	14.85	—	—	3.48	—	—	—	—	—	—	—	—	—	—
	湿苞果	—	—	—	—	0.359	—	—	0.78	3.12	—	0.16	—	—	—	—	—	3.6	—	—	—
	种子	—	—	—	—	2.16	—	11.12	—	—	9	—	—	—	—	—	—	—	—	—	—
	熟果皮	—	—	—	9.135	—	—	5.56	6.7	—	—	0.09	—	—	—	—	—	—	—	—	—

表1-3 波萝蜜果实中果肉成分

项目	水分	总糖	蛋白质	脂肪	碳水化合物	灰分	纤维素
含量（%）	73.1	20.5～21.7	1.05～1.72	0.6	23.4	0.5	1.8

表1-4 波萝蜜实综合测定结果

项目	单果鲜重（千克）	单苞重（克）	苞肉厚（厘米）	全果苞数（个）	全果种子重（千克）	可溶性固形物（%）	还原糖（%）	维生素C（毫克/千克）	总酸（%）	可食部分比例	
										苞肉/全果（%）	（苞肉+种子）/全果（%）
上限含量	14.2	38.0	0.46	302	1.80	22.0	21.64	96	0.023	56.0	67.1
下限含量	4.5	14.1	0.16	50	0.30	15.0	6.40	13	0.013	30.9	44.7
平均	8.5	26.2	0.28	160	1.01	19.2	12.12	17	0.017	40.7	53.3

表1-5 不同品种（系）波萝蜜常规理化指标测定结果

指标	m1	m2	m3	m4	m5	m6	xys4	xlbd1	xlbd2
水分（%）	66.8	72.28	65.86	68.72	74.06	69.37	67.65	69.09	62.36
可溶性固形物（Brix）	20.7	23.7	20.7	20.7	20.7	25.2	21.4	24.2	21.7
总糖（%）	26.34	25.15	21.88	21.59	19.51	26.42	20.55	16.42	18.51
总酸（%）	1.31	1.36	1.28	1.34	0.40	0.88	1.19	1.84	1.75
糖酸比	20.08	18.45	17.09	16.07	47.63	29.91	17.26	8.91	10.55
维生素C（毫克/千克）	71.1	60.3	79.3	59.5	84.3	72.7	32.6	74.9	24.7

注：马来西亚1号（m1）、马来西亚2号（m2）、马来西亚3号（m3）、马来西亚4号（m4）、马来西亚5号（m5）、马来西亚6号（m6）、香饮所4号（xys4）、兴隆本地1号（xlbd1）和兴隆本地2号（xlbd2）。

可作凉拌菜或像炸马铃薯片那样食用。菠萝蜜种子淀粉含量高，或煮或炒或炸，其味似板栗，可代粮食，是一种木本粮食果树，是有待开发利用的粮食新资源。根据资料介绍，菠萝蜜种子与肉炖煮，其味鲜美，食用有催乳作用，可用于治疗妇女产后缺乳症。

世界热带国家有的将菠萝蜜幼嫩的花或花序用糖浆和琼脂拌在一起食用。极嫩的幼果则用来煲汤食用。还有的地方将次劣幼果与虾干、椰子汁和一些调味品拌在一起作为蔬菜。

菠萝蜜果皮、肉质花序轴和肉丝（即腱或筋）可作牛的饲料或喂鱼。有的地区利用菠萝蜜树叶作为羊群的重要饲料。菠萝蜜果实残余物或落叶可作来制作堆肥或沤肥。

菠萝蜜树是一种名贵木料，心材仅次于印度紫檀或柚木。其木材坚硬、色泽鲜黄、纹理细致、美观耐用，是制作精致高档家具的用材。在印度，人们利用菠萝蜜树对二氧化碳、氯气、氟化氢等有害性气体的吸收强至中等的特性，把它作为城市行道两旁、厂矿车间四周以及庭园种植的防污染环保树种之一。

此外，根据谭乐和等对菠萝蜜种子淀粉提取工艺研究及其理化性质测定结果，其种子的主要成分有：粗淀粉52%～58%，粗蛋白8.0%～9.5%，粗脂肪0.86%，水分10%～15%，灰分2.39%，其他15%。可见，菠萝蜜种子淀粉含量十分丰富，高的可达58%（表1-6）。若以单株菠萝蜜每年产干种子15千克折算，则每株年产淀粉8.25千克。种植加工菠萝蜜产生的附加值是显而易见的。从菠萝蜜种子提取的淀粉，具有较低的热黏性和较强的凝沉性，并且淀粉颗粒圆形或近圆形，表面光滑。利用化学法或酶法对其进行改性，如改善其低温稳定性、保水性、抗老化性，并降低糊化温度等，则不仅仅停留在炒食、煮食或者作饲料用途上，而且可能菠萝蜜种子具有更广阔的应用前景，从而提高菠萝蜜种植业与加工业的社会效益、经济效益和生态效益。

表1-6 菠萝蜜种子（干基）的化学组成

项目	粗淀粉	粗蛋白	粗脂肪	水分	灰分	其他
含量（%）	52~58	8.0~9.5	0.86	10~15	2.39	15

据测定，菠萝蜜鲜种子水分含量为62%。以干基计算，蛋白质12.64%，脂肪1.03%，膳食纤维11.83%，淀粉68.07%，灰分2.74%。菠萝蜜种子的蛋白质含量低于家禽（15%~20%）和鸡蛋（12.8%），但与其他大宗谷物类（7.5%~12%）相近。菠萝蜜种子的脂肪含量低于大豆（18%）、玉米（4.0%）和小米（4.0%），与大米和小麦（1%~2%）相近。菠萝蜜种子膳食纤维含量显著高于小麦（10.8%）、玉米（4%~6%）、马铃薯（3.51%）、大米（0.80%）。而种子的淀粉含量显著低于小麦（75.2%）、玉米（76.3%）、马铃薯（85.15%）和大米（88.28%）。由此表明，菠萝蜜种子富含蛋白质、膳食纤维和淀粉等营养成分。

表1-7 菠萝蜜种子淀粉与国家工业淀粉的主要成分比较

项 目	菠萝蜜种子淀粉	国家工业淀粉质量标准	
		一 级	二 级
外 观	灰白、乳白到洁白粉末	白色或微黄色	阴影的粉末
水 分	11.5%~13.8%	≤14%	≤14%
蛋白质	0.58%	≤0.5%	≤0.8%
灰 分	0.074%	≤0.1%	≤0.2%
酸 度	1.76毫升	≤20毫升	≤25毫升

表1-8 菠萝蜜种子淀粉（成品）与木薯淀粉主要特性比较

项 目	菠萝蜜种子淀粉（成品）	木薯淀粉（市售）
淀粉效价（%）	73.8~82.8	85
直链淀粉（%）	23.8~24.5	16.8

（续）

项　目	菠萝蜜种子淀粉（成品）	木薯淀粉（市售）
支链淀粉（%）	75.5～76.2	83.2
糊化温度（℃）	68～81	61～72
淀粉形状、大小	圆形或近圆形，表面光滑，有沟痕（640×），Φ5～25微米	圆形，有的表面也有沟痕（640×），Φ5～35微米
热黏性	低	高
凝沉性	强	弱
低温稳定性	较差	好
糊丝长度	短	长
透明度	不透明	透明

表1-9　菠萝蜜种子淀粉与大宗作物淀粉产品比较

检验项目	菠萝蜜种子淀粉	食用马铃薯淀粉（GB／T8884—2007）	食用木薯淀粉（NY／T875—2012）	食用玉米淀粉（GB／T8885—2008）
水分（%）	13.86a	14.21a	12.96a	14.69a
白度（%）	88a	92a	90a	90a
脂肪（%）	0.12a	0.16a	0.19a	0.18a
蛋白质（%）	0.44a	0.16d	0.25c	0.34b
灰分（%）	0.29a	0.22a	0.26a	0.15b
纤维（%）	0.036a	0.021a	0.018a	0.033a
粒径（微米）	6.01c	261.48a	15.12b	15.24b
直链淀粉（%）	34.32a	7.91d	13.62b	11.75c
糊化温度（℃）	90.21a	65.20d	70.12c	78.40b
峰值黏度	2359c	8000a	4844b	2740d

与马铃薯淀粉、木薯淀粉、玉米淀粉等大宗作物淀粉相比，菠萝蜜种子淀粉的水分含量、白度、脂肪含量、纤维含量无显著差异，达到食用淀粉水分含量、白度和脂肪含量的标准（表1-7至表1-9）。

第二节　发展前景

菠萝蜜果实营养丰富，全果均可利用。果肉占总重量1/3，除鲜食外，可制作果脯、脆片、果汁、果酱以及果酒等，其加工价值远胜于鲜食；未熟果肉可用作菜肴配料；种子约占总重量1/4，可煮食，磨粉可以烘烤面包，也可提取淀粉，可作为粮食代用品，是有待开发利用的热带木本粮食新资源；种子富含碳水化合物（干基含量高达77.76%）、蛋白质、脂肪和膳食纤维等，其中直链淀粉含量丰富，具有良好的营养学特性及潜在应用价值，是开发功能性食品的天然原料之一，开发潜力大。因此，菠萝蜜具有开发利用范围广、综合效益价值高等优点。

菠萝蜜原产于热带，喜温暖、湿润的环境，对土壤要求不严，种植管理较粗放，是低投资、效益好的热带果树。国外多数种植在热带地区，海拔500米以下的低地。在国内，年平均温度高于0℃、偶尔有轻霜的地方均可栽培；我国广东、广西、海南、云南、福建、台湾和四川南部的热带、南亚热带地区均有种植，海南省种植最多。海南岛光照时间长，热量丰富，雨量充沛，是得天独厚种植菠萝蜜的天然环境。一般种植菠萝蜜，3～5年就开始收获（菠萝蜜芽接苗2年左右就有收获，5年后进入盛产期），按年产菠萝蜜果实30吨/公顷、销售价格4元/千克计，平均每公顷年产值达12万元以上。菠萝蜜作为特色热带作物，经济效益较高，是提高热区农民生活水平的优势产业，也是有待开发利用的热带木本粮食作物，可为广大农民脱贫致富开辟一条新途径、好渠道，发展该产业符合"优化我国农业区域布局，大力发展热作农业、优质特色杂粮、特色经济林"等科技政策要求，社会、经济与生态意义重大。

随着生活水平逐渐提高，人们对各种"名、优、稀、特"果品需求与日俱增，目前菠萝蜜在发达国家和我国及东南亚等发展中国家的主要市场都有销售，年销售量呈逐年递增趋势，原料及产品供不应求。因其收获季节相对集中，且市场大都以鲜果形式销售，在非收获季节还处于市场极其紧缺状态。而且随着世界科技进步与经济的不断发展，菠萝蜜已被消费者广泛认可并接受。国内系统研发与应用菠萝蜜产地加工技术，有利于打破菠萝蜜产业鲜果销售格局，丰富产品种类，提高产品科技含量与附加值，提高市场竞争力，有利于促进菠萝蜜产业升级与热带农业产业结构调整，有利于促进我国菠萝蜜种植业与加工业的发展，对带动相关行业进步以及促进世界菠萝蜜产业发展均具有重要作用。但是与此相关的加工厂却很少。因此，在种植规模扩大时，迫切需要成熟的加工业配合。若建立规模化、标准化的加工厂，对菠萝蜜进行加工销售，其经济效益要比直接销售鲜果高得多。而且，经过加工的菠萝蜜携带方便、保存期长、清洁卫生，有利于提高产品档次和市场竞争力，并有利于调剂全国水果市场，发展特色果业，提高菠萝蜜种植业与加工业的社会、经济和生态效益，促进地方农业和农村经济的发展。菠萝蜜种植业必将后来居上，菠萝蜜也将成为我国热带水果产业和出口贸易的重要果品。因此，发展菠萝蜜生产利国利民。

在我国发展菠萝蜜产业，以下工作值得各方重视并认真进行策划与研究。

1. 加强本土优良品种选育　目前我国菠萝蜜栽培品种繁杂，品质差异悬殊。菠萝蜜采用实生种子繁殖，会导致后代出现混杂的遗传性。为解决这个问题，开展菠萝蜜优良品种选育研究和引进优良品种的工作势在必行，有必要选育几个优良无性系进行无性繁殖推广。虽然近年海南、广东湛江等地从马来西亚、泰国等热带国家引种多个优良种质，已在生产上种植，经济效益良好，但是我们还应加强选育研究工作，特别要重视选育具有自主知识产权的主导品种，而且在选育研究过程应着重考虑菠萝蜜果实产期的调节，并解决适宜鲜食或加工用途的品种等问题。

2. 建立优良种苗繁育基地 为了确保种苗质量，提供优质种苗是当前和今后发展菠萝蜜种植业的需要。这样做可以避免目前品种杂乱、种苗良莠不齐而影响菠萝蜜栽种后的经济效益。因此有必要建立海南省内若干个专业化的菠萝蜜苗圃基地，统一提供优质种苗，包括引进的优良新品种种苗，这对海南菠萝蜜稳定发展具有十分重要的意义。由中国热带农业科学院香料饮料研究所谭乐和等研究制定的农业行业标准《木菠萝 种苗》，规定了菠萝蜜种苗的各项质量指标和相应检测规则，为我国菠萝蜜种苗标准化生产提供了依据。这有利于规范全国菠萝蜜种苗市场，打击伪劣种苗，有效杜绝伪劣种苗流入市场，保证以优质种苗服务于热带高效农业。

3. 开展高效栽培配套技术研发与推广 目前海南、广东等地的菠萝蜜商品生产基地虽已集中成片栽培，但普遍存在管理粗放、技术不配套、产量不稳定等现状，应系统研发高效栽培配套技术，包括规范栽培技术、病虫害绿色防治技术以及合理施肥技术。对研究制定的农业行业标准《木菠萝栽培技术规程》《热带作物主要病虫害防治技术规范 木菠萝》要大力推广应用，做到既要提高果实产量，又要保证果实品质。

4. 建立专门果品收购点，组织果品出口 目前海南菠萝蜜果实收购以个体商贩为主体，他们往往以市场销路好坏作为论价依据，如果果品畅销，收购价格就高些，反之就压价，种植者的利益得不到有效保障。在有了大面积栽种、大面积收获之际，有关政府职能部门协调或专业公司在省内设立多个果品收购点，以契约形式订购菠萝蜜果实，并建立好产、供、销系统，或农户加公司的做法，保证成熟果实及时采收、及时运输、及时销售，避免果多价低伤农，并及时给省内相应的果品加工厂组织货源进厂。在解决和提高了菠萝蜜果实保鲜技术后，组织货源到大城市销售并出口，发展创汇农业，这也将有利于热带农业和农村经济持续稳定和健康发展。

5. 开展系列产品研制，建立相关加工厂　在国外种植生产菠萝蜜的国家和地区，菠萝蜜果除鲜食外，还做成果汁、果酱、果酒、蜜饯等食品。国内菠萝蜜加工系列产品大多数还处在研发中试阶段，目前市场上仅有菠萝蜜干（脆片）等少数品种的产品销售。

6. 开展菠萝蜜种子淀粉深度研究与应用　菠萝蜜种子淀粉具有直链淀粉含量高、成膜性好、黏度适中的特点，产品质量符合国家工业淀粉质量标准；菠萝蜜种子淀粉加工工艺简单，对设备要求不高，淀粉精制容易，适合中小规模企业生产。用菠萝蜜种子生产副产品——淀粉，可为开辟粮食新资源、促进菠萝蜜种植业的发展具有重要意义。但是，目前菠萝蜜种子淀粉与木薯淀粉相比，还有许多应用性能不佳。若对其进行深入研究，利用化学或酶法改性，改善其低温稳定性、保水性、抗老化性等，降低糊化温度，加强种子淀粉提取及应用研究，使菠萝蜜种子淀粉具有更广阔的发展前景，并大大提高其产品附加值，对发展热带地区特色产业和特色产品大有裨益。

第二篇

面包果栽培与加工

第一章

面包果概述

　　面包果，学名 *Artocarpus altilis*（Parkinson）Fosberg，英文名 breadfruit，又名面包树，是桑科木菠萝属多年生典型的热带木本粮食作物，有"长面包的树"之美称。原产于南太平洋的波利尼西亚和西印度群岛，是当地的主要粮食作物，萨摩亚、斐济、马达加斯加、马尔代夫、毛里求斯、夏威夷、牙买加、巴西、印度尼西亚、菲律宾等地广泛种植，美国南部的佛罗里达也有少量分布。目前在原产地面包果规模化栽培也相对较少，一般是农林作物复合栽培的重要组成部分，资金、劳动力成本投入较少，是名副其实的"懒人作物"。在原产地，面包树结果产量可达6 000千克/公顷，是热带地区最有发展潜力的木本粮食作物之一。我国海南、广东、台湾等地有引种栽培。在台湾，据说是由阿美族的祖先乘小木船由海外带种子回来，在台湾东部种植，再逐渐推展到全岛各地。在海南省东南部的万宁、保亭等地生长正常，1962年已开花结果。海南万宁市兴隆的房前屋后、村庄和公路两旁常有种植的，是由东南亚华侨引进的无籽面包果品种。

　　面包果植株高可达20多米，树冠球形或扁球形，枝条粗大（图2-1）。一般种植3～5年就可开花结果，在每年的4～5月开花，花色淡黄，雌雄同株，雌花集成圆球形，雄花集成穗状，雄花先开。果实在夏秋季7～9月开始成熟。圆球状的雌花序成熟时就是可口的面包果。品种分为有籽面包果与无籽面包果两大类。有籽的叫硬面包果，无籽的叫面包果。种子藏于果肉中，种子有香味，一般采收适期以果实表面呈橙黄色且分泌乳液时为宜，过熟会从树上掉落。

图2-1 面包果植株

面包果果肉及种子均富含蛋白质、碳水化合物、矿物质及维生素等。未成熟的面包果果实外观为黄绿色，果肉呈白色，较适合煮食；成熟时呈橙黄色，并分泌乳液，内含核果或不含，果肉疏松、熟果味甜，可鲜食（图2-2）。成熟的果实可煮汤，切片用火烤或油炸（图2-3），或切块煮咖喱（图2-4），果肉松软，清甜可口，香味似面包、香芋或饼干，非常可口。果实除供食用外，磨粉也可制成咖喱或奶酪、还可用来制作饼干、果酱和酿酒。面包果是原产地居民不可缺少的木本粮食，家家户户的住宅前后都有种植。一株面包树所结的果实，能养活一两个人。海南省万宁市兴隆，20世纪60年代就引种面包树，在兴隆温泉迎宾馆有两棵面包树，株龄50多年，植株干径近1米，仍然正常稳产。引种记录表明，面包树能在兴隆地区正常生长发育，开花结果，并达到较高的产量，每株一季可结果60～100个。可适当发展，满足市场需要。

图2-2 面包果果实

图2-3 面包果煎片

图2-4 咖喱面包

　　由于其引入历史相对较短，国内鲜有关于面包果的研究报道，仅有关于开发前景和应用价值的报道，可见当前对于面包果的研究还未深入，仅仅停留在引种试种，而不像同属的菠萝蜜一样，从资源评价、遗传多样性、新品种选育、组织培养、栽培技术以及产品加工技术等方面都有过较系统深入的研究。因而在市面上几乎看不到有面包果的果实出售，也就不足为奇了。

面包果不仅味道香甜，而且产量高，既可以做水果，也可以开发成为一种新型的生态食品替代粮食。随着海南省旅游业的发展及我国人民生活水平的提高，许多游客对新奇水果有浓厚兴趣，面包果的市场需求会越来越大，具有很好的开发潜力和市场前景。

　　发展面包果产业还可在一定程度缓解我国粮食供需矛盾，维护国家粮食安全。粮食安全始终是关系我国国民经济发展和社会稳定的大事。确保我国粮食安全，是实现全面建成小康社会的目标、构建社会主义和谐社会的基石。面包果种植方式灵活多样，我国热区的一些偏远山区农业发展相对落后，农民增收渠道不多，面包果种植比较符合热区现状，发展面包果生产有望成为广大农民脱贫致富的新途径、好渠道。此外，我国现正在开发建设海南省三沙市，三沙市存在众多零星分布、大小不一的岛屿，其中淡水和粮食运输是首要任务。面包果相对耐盐碱，在南太平洋岛屿生长了几千年，能适应珊瑚礁等环境土壤条件，推广到三沙市大量种植潜力大，不仅能绿化岛屿岛礁，还能提供粮食资源，将为我国岛屿旅游业的开发等奠定坚实的物质基础。

　　综上所述，面包果劳动力成本投入较低，为投资省、见效快的热带优稀木本粮食作物。加速面包果的推广种植，不仅能供应粮食、绿化宝岛，也为热区农民增收提供一个可选的种植新品种。

第二章
面包果生物学特性

第一节　形态特征

　　面包果为常绿乔木，通常高10～15米，具白色乳汁。树皮灰褐色，粗厚。叶大，互生，厚革质，抱茎的托叶长10～25厘米，披针形至宽披针形，短柔毛黄绿色或棕色，毛弯曲。托叶脱落后，在枝条上留下环状的托叶痕。叶螺旋状排列；叶柄长8～12厘米；叶片卵形至卵状椭圆形，长10～50厘米，厚革质，无毛，背面淡绿色，叶面深绿色、有光泽，边缘全缘，先端渐尖；侧脉约10对。成熟的叶片羽状浅裂或羽状深裂；裂片3～8，披针形（图2-5）。花单性，雌雄同株，花序单生于叶腋。雄花序长圆筒形至长椭圆形，或棍棒状，长7～40厘米，黄色。雄花花被管状，被毛，上部2裂，裂片披针形，雄蕊1枚，花药椭圆形。雌花序圆筒形，长5～8厘米，雌花花被管状，子房卵圆形，花柱长，柱头2裂。雌雄花序见图2-6。聚花果倒卵形或近球状，绿

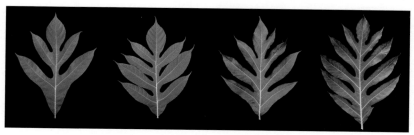

图2-5　面包果叶片形态

图2-6　面包果雌雄花序

色、黄色或棕色，直径8～15厘米，长15～30厘米，表面具圆形瘤状突起；果皮软，内面由乳白色肉质花被组成。果实内无种子或有种子，种子藏于果肉中。种子有香味，煮食味如栗。

第二节　开花结果习性

在海南兴隆，面包果一般在春末夏初的4～5月开花，雌雄同株，花朵为单性花，花色淡黄。雌花丛集成圆球形，雄花集成穗状，雄花先开。果实在夏秋季7～9月成熟。圆球状的雌花序成熟时就是可口的面包果。果实发育期100～120天，在同一株树上，每个果实成熟期也不一致。早开花则早成熟，迟开花则迟成熟。有些植株从4月起一直延续到9月花开不断，果实也就从7月至翌年1月陆续成熟。

图2-7　成熟面包果

果实为聚花果，椭球形或球形，大小不一，大的如柚子，小的似柑橘，最重可达3～5千克。当果实未成熟时为绿色，颜色转为黄绿色时可采收，此时果肉呈白色，较适合煮食。成熟时呈橙黄色，过熟会从树上掉落。成熟果实见图2-7。

面包果植株结果部位集中在枝条顶部，种在房前屋后土壤肥沃、空间较大的成龄面包树，生长茂盛，分枝多，侧枝、主枝强大，往往结果产量较高。一般每个枝条顶部结果1～3个，一棵树每年可结果100～200个（图2-8）。

图2-8　面包果枝条顶部结果

第三节　对环境条件的要求

面包果是一种典型的热带多年生常绿果树，生长发育地区仅限于热带、南亚热带地区，南北纬18°以内。生长条件受各种环境因素支配与制约，其中主要影响因素有地形、土壤条件和气候条件等。

一、地形

海拔高低影响了气温、湿度和光照强度。每一种植物都需要有不同的生态条件。地势高度引起的因素变化导致植物的多样性。

对于面包果来说，一般分布在热带高温潮湿沿海地区，低海拔地区是较理想的种植地，在斯里兰卡海拔600米的潮湿地区，生势仍很正常。虽然如此，在海拔1 500米的地方也有零星生长的面包果。

二、土壤条件

面包果对土壤的选择不严格，但它是一种抗旱能力较差的果树。生长的理想土壤是土质疏松、土层深厚肥沃、排水良好的轻沙土壤。在原产地和南太平洋的一些岛国，面包果常分布在海边、河道两边、森林的边缘。在海南，选择丘陵地区的红壤地、黄土地或沙壤土地种植面包果较适宜。在原产地，有些品种非常适应沙土、盐碱土，生长茁壮并结出果实。

要重视土壤酸碱度（pH）。土壤pH在一定程度会影响土壤养分间的平衡。面包果适宜的土壤pH为6～7.5，相对耐盐碱。可用pH检测仪来检测土壤酸碱度。如果种植区土壤pH在6以下（即酸性土），就要在土壤中增施生石灰，中和土壤酸度。海南省土壤多为弱酸性，一般定植时每公顷可同时撒施石灰750千克左右。土壤水位高低至关重要。总之，只要上述主要条件得到满足，面包果就可以正常生长开花结果。

三、气候条件

影响面包果生长的气候因子有降水量、光照、温度、湿度、空气和风等。

面包果生长过程需要充足的水分，在年降水量1 000～3 500毫米地区都有生长，但以年降水量1 800～2 500毫米且分布均匀者为好，相对湿度宜60%～80%。水是植物进行光合作用的基本条件，还有维持对土壤肥料元素的吸收功能。雨水不足时就要灌水。

面包果和其他作物一样需要阳光，但光照过强又会影响其生长，尤其幼苗忌强烈光照，当嫩叶抽生展开时，极易受到太阳灼伤，需要适当遮阴，保持20%～50%的遮光度，有利于保护植株。但长期在过度荫蔽的环境中生长由于光照不足会导致植株直立、分枝少、树冠小、结果少、病虫害多。适当的光照对植株生长及开花结果更有利。因此，在栽植时种植密度要适宜，应留有适当的空间，以利于植株对光照的吸收。

此外，温度、湿度和风在面包果生长中也起着重要作用。宜选择年均温24℃以上，无霜的地区种植。原产地面包果在温度低于10℃时停止生长，5℃时便会受到寒害。在海南，有些年份会遭寒流的侵袭或霜冻。根据调查，1996年1月兴隆地区罕见6～12℃低温，且持续时间长达半个月以上，致使当地种植的一些成龄面包果寒害严重，整株叶片脱落，大枝条、主干树皮受风面腐烂，导致树体衰弱直至整株干枯。2008年1月24日至2月28日海南遭遇低温阴雨天气，气温低且持续时间长，全省平均气温14.3℃，兴隆月均温约14℃，绝对低温达到8℃，面包果中度寒害，整株叶片脱落，当年开花结果不正常。2016年2月兴隆月均温为18℃，绝对低温为13℃，成龄面包果轻微寒害，嫩梢生长发育停止、干枯，叶片出现褐斑，但不影响生长。幼龄面包果枝条顶端生长点干枯，叶片脱落，但在气温回升后，4月恢复正常生长。同时期琼海大路镇1月均温14℃，绝对低温7～9℃，幼龄面包树虽经杂草覆盖，但地上部分60%～80%仍然干枯，寒害损伤较为严重。

面包果树高叶大，茎枝易风折，大风或强风会使面包果叶片大量掉落，在风力8～9级、阵风11级时发现风折枝干或主干折断（图2-9）。在原产地的南太平洋岛屿地区，面包果是当地的主要粮食作物，曾遭遇台风的毁灭性影响。例如，1990年萨摩亚的面包果受台风影响，作物几乎全被破坏，50%～90%的成龄树全被吹倒；2012年萨摩亚遭遇台风，整个面包果种植业全被摧毁，损失惨重；台风也导致斐济的面包果种植面积减少。同样在面包果主要产区加勒比地区，飓风也造成面包果种植面积的大量减少，在20世纪80年代牙买加50%的面包果被吹倒或被风暴损坏。随着全球气候不断变暖，热带风暴将严重影响整个太平洋和加勒比海

图2-9 台风折断面包果主干

岛国地区的面包果种植业。因此,规模化种植时,还须考虑营造防风林带并加强修枝整形。

据调查,在兴隆农场一些华侨人家在房前屋后种植的面包树,生长快、枝叶茂盛,植后7~8年开始结果,早的4~5年就开始结果,个别年份出现一年四季花开不断,每株产量可达150个以上。且这些零星种植的面包树,因为离住宅较近,在寒害严重的年份,生长并未受到明显影响。

第三章
面包果分类及其主要品种

第一节 分 类

　　面包果按果实有无种子分为有核和无核两类。有核型面包果通称硬面包果或面包坚果，有种子，在海南常见于园林绿化栽培（图2-10）；另一种硬面包果类型果实含有大而多肉的圆形种子，种子和果肉煮熟后均可食（图2-11）。无核型面包果，通称面包果，无种子，树形较矮（图2-12）。这两类面包果叶片形态相似，都有可食用的白色硬质果肉，味如面包。目前我国福建、广东、广西、云南和海南等地常见栽培的大都是有核种类，无核种类在海南万宁兴隆常见。

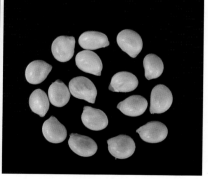

果实　　　　　　　　　　　　　种子

图2-10　硬面包果1（有核型）

果实

种子

图2-11　硬面包果2（有核型）

果实

果实纵切面

图2-12　面包果（无核型）

第二节　主要品种

国内鲜有关于面包果品种资源的研究报道，在我国海南琼海以北区域种植的大多为硬面包果，有些公园或城市把硬面包果作为优良的绿化树种或行道树。中国热带农业科学院香料饮料研究所在所本部海南万宁兴隆引种种植的面包果，每年正常生长发育，开花结果，并达到较高的产量，每株一季可结果60～100个。兴隆华侨农场的归侨也零星从国外引进一些面包果优异资源，定植于房前屋后，但具体品种名称不详。

在国外，美国夏威夷国家热带植物园的面包果研究所从事面包果资源研究较早，建有世界上最大和资源量最丰富的面包果资源保存圃。该研究所从汤加、纽埃岛和美属萨摩亚、巴布亚新几内亚、瓦努阿图群岛等整个太平洋群岛地区，以及塞舌尔、菲律宾和印度尼西亚等地收集保存了120个品种共220多份的面包果资源，为面包果品种选育奠定了坚实的基础。

南太平洋农业委员会公布的一项面包果调查研究结果显示，根据叶形及叶子裂片、果实颜色、果实形状、果实质地和保存期等性状把面包果的品种分为不同类型。下面简要介绍一些国外收集的优良品种以及香料饮料研究所收集的优异种质。

1. Afara 来源于法属波利尼西亚，在太平洋地区广泛种植，澳大利亚、佛罗里达和加勒比地区也有分布。树高可达10米。叶片羽状中等分裂，长40厘米、宽31厘米，裂片3～5。果实椭圆形至圆形，长10～15厘米、宽12～16厘米，重1千克，无种子或者零星1～2个种子。果实成熟期从7月至翌年1月，品质优、质地硬，适合加工。

2. Hamoa 来源于法属波利尼西亚。在萨摩亚、汤加、库克群岛和斐济都有广泛种植。叶片羽状深裂。果实椭圆形至宽卵形，长16～22厘米、宽16～18厘米，重2.5千克，无核。果实成熟期从5月至翌年1月，果肉烹调后细致质硬。是加工果干脆片最好的品种之一。萨摩亚国家农业部自2003年就不断出口该品种到新西兰。

3. Puou 在南太平洋地区常见和大量推广种植品种，澳大利亚、佛罗里达和加勒比地区也有分布。树高一般小于10米，树冠浓密。叶片大型，钝尖羽状浅裂，裂片4～6。果实圆形或心形，长15～22厘米、宽14～19厘米，重2千克，无种子或者零星1～2个种子，烹调后不需去皮。四季开花结果。

4.Buco Ni Viti　叶片羽状中裂。果实长椭圆形，长28 ～ 35厘米、宽15 ～ 18厘米，种子退化，无核。是南太平洋岛国最好品种之一。

5.Balekana Ni Samoa　叶片羽状深裂，叶基形状多变。果实圆形，长10 ～ 12厘米，种子稀疏。是萨摩亚最好的品种。

6.Uto Wa　叶片羽状深裂，叶基形状多变。果实椭圆形，长15 ～ 19厘米、宽12.5 ～ 14厘米，无核。为推荐种植的品种。

7.XYS-1号　树高一般15米，树冠浓密。叶片大型，钝尖羽状深裂，裂片4 ～ 5片。果实圆形或长椭圆形，长16 ～ 19厘米、宽13 ～ 16厘米，重1.5 ～ 1.8千克，无核。一般4 ～ 5月开始开花。果实成熟期长，从8月开始，一直到11月底都有果实陆续成熟，单株年结果量可达近百个（图2-13）。

8.XYS-3号　树高15 ～ 20米，树冠浓密。叶片大型，钝尖羽状深裂，裂片4 ～ 6片。果实圆形或长椭圆形，长13 ～ 15厘米、宽10 ～ 12厘米，重1.0 ～ 1.2千克，无核。1年开花结果可达2次，果实成熟期为6 ～ 8月及11月至翌年1月，单株年结果量可达60 ～ 80个。

图2-13　XYS-1号面包果

第四章

面包果种苗繁育技术

面包果的繁殖方法包括有性繁殖与无性繁殖。有性繁殖又称播种繁殖。无性繁殖就是利用优良母树的枝或芽来繁殖苗木。用此法繁殖的苗木遗传因素单一，能保持母树的优良性状。无性繁殖包括嫁接、空中压条和扦插等方法，目前大规模商业生产主要用嫁接方法繁殖良种苗木。

第一节　有性繁殖

有性繁殖是面包果育苗中最基础的繁殖方法。无论是培育实生苗木或嫁接砧木，都要通过播种育苗这个有性繁殖过程。硬面包果一般采用此法繁殖。播种育苗有如下步骤。

一、选种

一般选择发育正常的果实，从果实中再选择饱满、充实的种子。应选择这类种子育苗，播种后生长快，长势强。不宜选用发育不饱满或畸形的种子播种育苗。

二、育苗

面包果种子寿命短，一般能维持活力2周左右，应随采随播。瘦果自果实中取出后，洗干净种子外层甜的果肉，阴干备用。育苗时，种子可直接播入育苗袋中，覆土盖过种子约1.5厘米，用花洒桶淋透水，并遮盖50%遮阳网或置于树荫下，以后保持土壤湿润。种苗的管理与一般果树基本相同，当种苗高达30～50厘米时，即可出圃定植或作为砧木嫁接育苗用。

育苗土以肥沃的表土与充分腐熟的有机肥按8：2的比例配备，再加适量的椰糠混合均匀即可。

第二节　无性繁殖

无性繁殖一般指利用植物的营养器官（如枝、芽或根）繁殖种苗。生产中，面包果的无性繁殖主要有如下几种方法。

一、嫁接

嫁接属无性繁殖的一种。嫁接苗既可保存母本的优良性状，又可利用砧木强大的根系，有利于提高植株抗风、抗旱能力，使植株生长健壮，结果多，寿命长。

1. 选接穗　接穗取自结果3年以上的高产优质面包果母树。选当年生木栓化或半木栓化的枝条，以枝粗1.5～2.5厘米、表皮黄褐色、芽眼饱满者为好。

2. 选砧木　以主干直立、茎粗1.5～2.5厘米、叶片正常、生长势壮旺、无病虫害的实生菠萝蜜苗或面包坚果苗作砧木。砧木苗最好为袋径20厘米以上的袋装苗。

3. 嫁接时间　在海南以4～10月为芽接适期。此时气温较高，树液流通，接穗与砧木均易剥皮。但雨天和干热天气时不宜嫁接。

4. 嫁接操作　面包果补片芽接法嫁接操作步骤见图2-14。

（1）排乳汁　面包果树液（乳胶）如同属果树菠萝蜜一样，会影响芽接成活，因此在嫁接前需先排乳汁。在砧木离地面10～20厘米的茎段选一光滑处开芽接位，在芽接位上方先横切一刀，深达木质部，让树上的乳汁流出，可在计划芽接的苗上一连切10株砧木排胶。

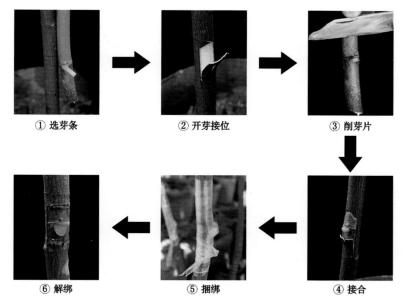

图2-14　面包果补片芽接

（2）**开芽接位**　用湿布擦干排出的乳汁，在排胶线下开一个宽1.5～2厘米、长3～4厘米的长方形，深达木质部，从上面用刀尖挑开树皮，拉下1/3。

（3）**削芽片**　选用充实饱满的芽片，在芽眼上下1.0～1.5厘米的地方各横切一刀，再在芽眼左右各竖切一刀，均深达木质部，小心取出芽片。芽片必须完好无损，略小于芽接口。不剥伤芽片是芽接成功的关键。

（4）**接合**　剥开接口的树皮，放入芽片，芽片比接口小0.1厘米，切去砧木片约3/4，留少许砧木片卡住芽片，以利捆绑操作。芽接口应完好无损。

（5）**捆绑**　用厚0.01毫米、宽约2厘米、韧性好的透明薄膜带自下而上一圈一圈缠紧，圈与圈之间重叠1/3左右，最后在接口上方打结。绑扎紧密也是嫁接成功的关键之一。

（6）解绑与剪砧　嫁接25～30天后，如芽片保持青绿色，接口愈合良好，即可解绑。解绑后1周左右芽片仍青绿，可在接口上方10～15厘米处剪砧，此后注意检查，随时抹除砧木自身的萌芽，使接穗芽健康成长。

目前在海南兴隆香料饮料研究所，笔者采用以硬面包果和菠萝蜜为砧木、面包果为接穗的前期芽接试验中，补片芽接成功率可达70%以上，芽接苗已经定植，生长良好（图2-15和图2-16）。

图2-15　嫁接苗解绑后2周　　　　　图2-16　嫁接苗

二、空中压条（圈枝）

采用圈枝方法进行无性繁殖，目前在国外生产上也采用。其优点是植株矮化，方便管理，可提早结果（一般3年左右即可结果），保持了母株的优良特性；缺点是无主根，树体抗风力稍弱，容易向背风面倾斜。

在海南，面包果圈枝以3～5月进行为佳。具体操作方法如下。选直径2～5厘米粗的半木栓化枝条，在离枝端30～50厘米处环状剥皮长约3厘米，然后用刀背在剥口轻刮，刮净剥口残留的形成层。切口可用0.1%吲哚丁酸处理后，加入包扎基质。海南常用的包扎基质为椰糠，湿度以手捏刚出水滴为度。最后用塑料带以环剥口为中心包扎绑实。捆绑扎紧也是圈枝成功的关键之一（图2-17）。在国外，最后还在伤口处加一层锡箔纸，让其处于暗处，促进愈伤组织生长和提早生根。2～3个月后，压条生根（图2-18）。当根系变成黄褐色时，从根系下端截下假植，假植以肥沃的疏松土壤为佳，并遮盖50%遮阳网或置于树荫下。

　　一般来说，3年生圈枝苗的面包果树高3～4米，茎围20～25厘米，第三年起可结少数果实。有些种苗定植1～2年就会开花结果。圈枝种苗结果时间和压条选择相关，如果选择的压条粗，并且是结果的枝条，一般会早结果。

图2-17　圈枝育苗

图2-18　圈枝育苗生根

三、扦插

面包果也可以扦插繁殖。其操作是在优良的母树上截取1～2厘米粗的半木栓化枝条或插穗，将所采枝条剪成20～40厘米长的插条，下切口平剪，切口整齐无破裂。修剪好的插条先在清水中清洗5分钟，然后50根为一捆，浸泡在浓度为100毫克/升的ABT生根粉、GGR药液或100毫克/升的萘乙酸中，浸泡基部深3～4厘米，时间为2小时以上。

将处理好的插条以45°～60°角度斜插于沙床（图2-19）。扦插前使用多菌灵500倍液喷淋苗床，插条深度应为插条总长的1/4～1/3，较短小插穗的插穗深度宜深不宜浅，插穗的密度以插穗叶面不重叠为度。扦插完立即将苗床浇透水一次。同时，在苗床上搭高50～80厘米高的塑料薄膜拱棚并在顶部设置遮阳网盖顶。定期浇水保持苗床湿度在80%以上，并通风降温控制拱棚内温度在23～30℃。扦插时间最好在上午8～10时或下午4时以后，这样能避开夏季日光的灼晒。2～3个月后，80%的茎段可抽芽和产生根系，此时即可移栽炼苗后出圃（图2-20）。

图2-19　扦插育苗

图2-20　扦插抽芽

第三节　出　　圃

一、实生苗出圃标准

种源来自经确认的品种纯正、优质高产的母本园或母株；出圃时营养袋完好，营养土完整不松散，土团直径＞12厘米、高＞20厘米；植株主干直立，生长健壮，叶片浓绿、正常，根系发达，无机械损伤；种苗高度≥60厘米；主干粗度≥0.5厘米；苗龄3～6个月为宜。

二、嫁接苗出圃标准

种源来自经确认的品种纯正、优质高产的母本园或母株，品种纯度≥98％；出圃时营养袋完好，营养土完整不松散，土团直径＞20厘米、高＞25厘米；植株主干直立，生长健壮，叶片浓绿、正常，根系发达，无机械损伤；接口愈合程度良好；种苗高度≥30厘米；砧段粗度≥1.5厘米、主干粗度≥0.5厘米；苗龄6～9个月为宜。经嫁接繁育的面包果出圃苗见图2-21。

图2-21　面包果出圃苗

第五章

面包果种植技术

当前面包果主要作为庭院种植作物，常植于房前屋后、村庄边缘和公路边等，集中连片种植较少见。当定植成活后，后期的人力劳动成本投入较少，并不需要精耕细作，种植管理粗放。

但面包果是多年生的木本粮食作物，独具特色，经济寿命长，必须全面考虑，达到标准化种植，才能促进产业发展。因此，建园前必须重视果园的选地规划与种植管理，具体包括果园的选地、开垦、定植、施肥管理、土壤管理、树体管理和水分管理等。这关系到面包树的早结、丰产和稳产。

第一节 果园建立

一、果园选地

面包果的生长发育对气候条件的要求比较严格，是典型的特色热带作物，生长发育地区仅限于热带、南亚热带地区，南北纬度18°以内。根据当前零星的引种试种试验及调研，面包果的气候环境要求高温多雨，宜选择年均温24℃以上的区域种植，在我国海南琼海市以南地区适宜种植。

面包果对土壤条件要求不甚严格，从原产地生长来看，还相对耐盐碱，许多平地、丘陵地区的红壤地、黄土地、河沟边或沙壤土地种植较适宜，但仍以选择坡度在20°以下，土层深厚、结构良好，比较肥沃、疏松，易于排水，pH5～7.5，地下水位在1

米以下，靠近水源且排水良好的地方建园。

面包果抗风能力很差，且海南省常年受台风的影响，有些地方常受大风影响，建园时应选择避风的区域或静风的地块，以减轻风的危害。

二、园地规划

园地规划包括小区、水肥池、防护林、道路系统和排灌系统等的规划与设计。

1. 小区　集中连片种植必须根据地块大小、地形、地势、坡度及机械化程度等进行园地规划，包括小区、道路排灌系统、防护林和水肥池等。一般按同一小区坡向、土质和肥力相对一致的原则，将全园划分为若干小区，每个小区面积1.5 ～ 2公顷。

2. 水肥池　果园水肥池的规划。一般每个小区应设立水肥池，容积为10 ～ 15米^3。

3. 防护林　面包果园地的划区要与防护林设置相结合，园地四周最好保留原生林或营造防护林带，林带距边行植株6米以上。主林带方向与主风向垂直，植树8 ～ 10行；副林带与主林带垂直，植树3 ～ 5行。宜选择适合当地生长的高、中、矮树种混种，如木麻黄、台湾相思、母生、菜豆树、竹柏、琼崖海棠、菠萝蜜和油茶等树种。

4. 道路系统　园区内应设置道路系统，道路系统由主干道、支干道和小道等互相连通组成，主干道贯穿全园，与外部道路相通，宽7 ～ 8米，支干道宽3 ～ 4米，小道宽2米。

5. 排灌系统　排灌系统规划应因地制宜，充分利用附近河沟、坑塘、水库等排灌配套工程，配置灌溉或淋水的蓄水池等。坡度小的平缓种植园地应设置环园大沟、园内纵沟和横排水沟。环园大沟一般距防护林3 米，距边行植株3 米，沟宽80 厘米、深60 厘米；在主干道两侧设园内纵沟，沟宽60 厘米、深40 厘米；支干道两侧设横排水沟，沟宽40厘米、深30厘米。环园大沟、园内纵沟和横排水沟互相连通。除了利用天然的沟灌水外，同时视具体情况铺设管道灌溉系统，顺园地的行间埋管，按株距开灌水口。

三、园地开垦

园地应深耕全垦。一般在定植前3～4个月进行，让土壤充分熟化，提高肥力。开垦时，首先划出防护林带，保留不砍，接着砍掉不需要保留的树木和灌木，并进行清理。土壤深耕后，随即平整。园地水土保持工程的修筑依据地形和坡度的不同而进行。坡度5°以下的缓坡地不必修筑专门的水土保持工程，但应等高种植，并尽量隔几行果树修筑一土埂以防止水土流失；坡度在5°～20°的坡地应等高开垦，修筑宽2～3米的水平梯田或环山行，向内稍倾斜，每隔1～2个穴留一个土埂，埂高30厘米。

四、植穴准备

宽80厘米

深70厘米　长80厘米

图2-22　植穴大小

植穴准备在定植前1～2个月完成。植穴以穴长80厘米、宽80厘米、深70～80厘米为宜，见图2-22。挖穴时，要把表土、底土分开放置，并捡净树根、石头等杂物，经充分日晒20～30天后回土。

根据土壤肥沃或贫瘠情况施穴肥。一般每穴施充分腐熟的有机肥20～30千克、复合肥0.5～1千克、钙镁磷肥1千克作基肥。回土时先将表土回至穴的1/3，中层回入充分混匀的表土与基肥，上层再盖余土。并做成比地面高约20

厘米的土堆，呈馒头状为好。植穴完成后，在植穴中心插标，待3～4周土壤下沉后，即可定植。

五、定植

1. 定植密度 面包果栽植的株行距依品种，成龄树的树冠大小，植地的气候、土壤条件以及管理水平等而不同。一般采用株行距6米×6米或5米×7米，每公顷分别种植270株和285株。土地瘠瘦的园块可适当密植，种植密的园块待面包果封行后逐年留优去劣，进行适当的疏伐，保持植株正常和获得稳定的产量；土地肥沃的园块可适当疏植。

2. 定植时期 在海南，春、夏、秋季均可定植，以3～5月或8～10月定植为宜，定植选在晴天下午或阴天进行。一般雨季初期定植最佳，在3～5月光照温和及多雨季节进行，有利于幼苗恢复生长，种植成活率高。8～10月是海南的雨季和台风经常登陆时期，此时也适合定植。在春旱或秋旱季节，如灌溉条件差的地区，不宜定植。在秋冬季低温季节，定植后伤口不易愈合，且不易萌发新根，影响成活率，这些地区应在10月中下旬完成定植工作，有利于在低温干旱季节到来之前面包果幼苗已恢复生机，第二年便可迅速生长。

3. 定植方法 起苗、运输、种植的过程尽量避免损伤根系，袋育苗要保护土团不松散，适当剪除部分枝叶，未老熟叶片剪去，以减少苗木水分的蒸发。定植时在已准备好的植穴中部挖一个比种苗的土团稍大的小穴，放入种苗并解去种苗营养袋，保持土团完整（图2-23），使根颈部与穴面平或微露于表土，扶正、回土压实。总之，填土要均匀，根际周围要紧实。修筑比地表高3～5厘米、直径80～100厘米的树盘（图2-24），覆盖干杂草等保湿，淋足定根水，再盖一层细土。

4. 植后管理 苗木定植后，如遇干旱天气，每天淋水1～2

图2-23　定植面包果种苗　　　　图2-24　修筑树盘

次，并采集椰子树叶或芒萁插其周边，适当遮阴，定植至成活前保持树盘土壤湿润，直至新梢抽发则为成活。雨天应开沟排除园地积水，以防烂根。受风区域苗木适当用竹子等立支柱扶持，避免因风吹苗木摇动而伤根。及时检查，补植死缺株，保持果园苗木整齐。栽植成活的植株可薄施水肥，促进新梢正常生长。

5. 间作　面包果生长发育期较长，一般3～5年陆续开花结果，进入盛产期一般6～10年，且株行距较宽，果园提倡间种其他短期作物或短期果树。通过对间种作物的施肥、管理，不仅有利于提高土壤肥力和土地、光能利用率，增加初期收益，而且有利于促进面包果的生长。间种作物可选择蔬菜、菠萝、香蕉、番木瓜和花生等经济作物。

第二节　树体管理与施肥

面包果定植后，既要加强幼龄树管理，又要加强成龄树管理，这是提高面包果产量与品质的关键。

一、幼龄树管理

面包果从定植到进入经济结果期，管理粗放者可5～8年才结果，如加强栽培管理和病虫害防治，可在定植的第四年就进入有经济效益的开花结果期。因而，幼龄面包树一般指种植后1～3年未结果或开始结果的树。这时期的生长特点是，枝梢萌发旺盛，根系分布浅，抗逆能力弱。管理任务是扩大根系生长范围，加速植株树冠向外生长，抽生健壮、分布均匀的枝梢和形成良好、丰产的树冠结构。

1. 水分管理　在面包果幼龄阶段，要满足树体对水分的需求。规模化种植面包果地区，浇水工作是非常繁重的。因此，最好选择在雨季初定植。在没有降雨的情况下，定植初期，每天至少浇水1次，至6个月龄后可少浇水。在旱季应及时灌溉或人工灌水，可依行距每2～3行布置供水管，采用浇灌，即用皮管直接浇水。如有条件，可以按株行，距离每株茎基部0.5米处接一个喷头开口，操作也容易，效果较好。灌水一般在上午、傍晚或夜间土温不高时进行。

在雨季，如果园地积水，排水不良，也会影响面包果的生长。因此，在雨季前后，对园地的排水系统进行整修，并根据不同部位需求，扩大排水系统，保证果园排水良好。

果树在幼龄阶段应予覆盖，可以保持园地土壤湿润和减少水分蒸发。各种干杂草、干树叶、椰糠或间种的绿肥等都可以作覆盖材料，覆盖时间一般从雨季末期开始，离主干距离15～20厘米覆盖，厚度以5～10厘米为宜。在海南，炎热干旱的季节不覆盖土壤温度高达30～45℃，而覆盖可以降低地表温度5℃左右，这有利于减少水分蒸发，调节土温，夏季降温，冬季保温，且改善了土壤理化性状。盖草改良了土壤团粒结构，增加了土壤湿度和有机质含量，因而有利于面包果根系的生长和养分的吸收，从而促进生长（图2-25）。

也可定植临时荫蔽树，常种植豆科植物山毛豆、木豆、灰叶豆等（图2-26）。临时荫蔽树植后，应经常修剪其过低分枝，修剪的枝条可作为覆盖材料。此外，根据面包果生长发育阶段逐步疏伐。

图2-25　面包果根部覆盖　　　　图2-26　活荫蔽树

2. 施肥管理

（1）肥料种类

①常用有机肥。包括畜禽粪、畜粪尿、鱼肥，以及塘泥、饼肥和绿肥等。畜粪尿、饼肥一般沤制成水肥；畜禽粪、鱼肥一般与表土或塘泥沤制成干肥。这类肥料含有丰富的有机质和多种矿质养分。有机肥的肥效较迟，但肥效时间较长。在热带地区施用有机肥，有利于土壤微生物的活动，改良土壤理化性状，增加土壤养分，促进根系生长，延长植株的经济寿命。

②常用无机肥。包括尿素、硫酸铵、过磷酸钙、氯化钾、硫

酸钾、钙镁磷肥和复合肥等。这些肥料一般都干施，肥料矿质养分含量高，所含养分比较单一，但施用后肥效快。过磷酸钙宜在用前1个月与有机肥混堆后施用。

（2）**有机肥和水肥的堆沤方法**

①有机肥料的堆制方法。农业生产中普遍使用的有机肥为牛粪、羊粪和鸡粪等，常加入饼肥、过磷酸钙和火烧土等一起堆沤。作为基肥，一般有机肥与表土的比例为1：1或1：1.5。这些肥料一定要经过2～3个月的堆制，翻动几次，做到腐熟、细碎、混匀，才能使用。

②水肥沤制方法。水肥可以用人畜粪尿（普遍用牛粪）、饼肥、绿叶和水一起沤制。肥料用量和水肥浓度一般按1 000千克水分别加入牛粪200千克，饼肥3～5千克，豆科绿叶50千克。沤制期间要经过几次搅拌，1个月以后方可使用。

（3）**幼龄树施肥**　幼龄树施肥，以促进枝梢生长、迅速形成树冠为目的。除冬季施有机肥作为基肥外，每次抽新梢前施速效肥促梢壮梢。施肥量应根据面包果的不同生长发育时期而定，随着树龄的增大，逐年增加施肥量，以满足其生长需要。

根据幼龄面包果的生长发育特点，应勤施、薄施、生长旺季多施肥，以不伤根为主要原则。应以氮肥为主，适当配合磷、钾、钙、镁肥。苗木定植后1个月左右，即新梢抽出时应及时施肥。一般10～15天施1次水肥，水肥由人畜粪尿、饼肥和绿叶沤制腐熟后施用，离幼树主干基部20厘米处淋施。如果水肥太浓可加水；浓度不够，可加尿素或复合肥施用。一般地，定植1年后，做到"一梢一肥"，隔月1次。

1年生幼树每次可株施尿素50克或三元素复合肥100克或水肥2～3千克；随着树龄增长，用量可逐年增加，2～3年生幼树每次可株施尿素100克或复合肥150克或水肥4～5千克。要讲究尿素或复合肥施用方法，在平地上可环施，在斜坡上应在树苗高处施。施肥后盖土，干旱时要及时灌水。

3.中耕除草　除草工作在定植1个月后进行，以后每1～2个月进行1次，保持树盘无杂草，果园清洁。并结合松土，以提高土壤的保水保肥能力和通气性。易发生水土流失园地或高温干旱季节，应保留行间或梯田埂上的矮生杂草。

4.扩穴改土　植后3年内，除梢期施肥外，每年秋末冬初可进

图2-27　面包果施肥

行深翻扩穴压青施肥，以改良土壤，在紧靠原植穴四周、树冠滴水线外围对称挖两条施肥沟，规格为长80～100厘米、宽和深分别为30～40厘米，沟内压入杂草、绿肥等，施有机肥20～30千克并覆土，以提高土壤肥力，促进面包果根系生长（图2-27）。下一次在另外对称两侧，逐年向外扩穴改土。

5.修枝与整形　对面包果进行修剪的目的在于形成合理的树冠结构。适度的修剪，是培养主枝和二、三级分枝的关键，也是构成树冠骨架的必要环节。

通常面包果以修剪成伞形树冠为佳。面包果树的骨干枝是整个树冠的基础，它对树体的结构、树势的生长发育和开花结果都有很大影响。因此，必须在幼龄树阶段开始修枝整形，以培养好的树形结构，为丰产打下基础。要求每层枝的距离0.8～1米，使分枝着生角度适合，分布均匀。其技术要点是：幼苗期让其自然生长，当植株生长高度至1.5米左右时，即行摘心去顶，让其分枝。抽出的芽应按东、南、西、北四个方位选留3～4个分布均

匀、与树干呈45°～60°生长的枝条培养一级分枝，选留的枝芽离地面1米左右，抹除多余的枝芽。当一级分枝长度达1.2～1.5米时，再行摘心去顶，以培养二级分枝。要求选留2～3条健壮、分布均匀、斜向上生长的枝条用作培养二级分枝，多余的枝条剪除。如此再进行2～3次，形成开张的半圆球形树冠（图2-28）。

图2-28 幼龄面包果树形

面包果修枝整形时间以每年春季的2～3月开始为宜，以交叉枝、过密枝、弱枝、病虫枝等为主要修枝对象。修剪时首先针对果树枝叶茂密、妨碍阳光照射的果树树权，由下而上进行，修剪口往上斜切，防止伤口积水腐烂。最好在伤口涂上油漆等保护剂。

对幼龄树进行修剪，以层次分明、疏密适中为好。树形不宜太高，以高度4～6米为好。修剪可以控制树高，矮化树形，但需保持一定的度，否则会产生新的问题。修剪方法不恰当或过重，会影响树体健康，真菌和病原体会从伤口进入树体，导致树体衰退。

二、成龄树管理

1.水分管理　面包果不同的生长发育期，对水分的要求不同，主要有开花期和果实发育期等。开花期和果实生长期干旱，果实成熟期遇暴雨，都会导致不良的效果。开花期和小果期干旱则要及时灌溉，灌水量以淋湿根系主要分布层10～50厘米为好，灌溉一般在上午、傍晚或夜间土温不高时进行。

果实发育的中后期，如遇干旱需进行灌溉，如遇暴雨需及时排除园地积水，及时修复损坏的排灌系统。

2. 施肥管理　面包果种子苗一般定植6～8年才首次开花结果，而嫁接苗和根蘖苗一般4～5年、圈枝苗2～3年就可开花结果。面包果植株在生长发育过程需肥量较大，而且需要氮、磷、钾等各种营养元素的供应。不同的树龄、品种、长势及土壤肥力的不同，施肥量、种类也有差异。施肥水平高，则每年均丰产稳产；施肥不合理，营养生长与生殖生长失衡，有的树势生长过旺而不开花结果，或当年开花结果过多，大小年现象突出，树势过早衰退。因此，必须根据其不同的生长发育阶段，合理施用花前肥、壮果肥、果后肥等，以满足其生长需要，促进新梢生长、花芽分化和果实发育，并保持植株生势。根据面包果开花结果的物候期，以海南兴隆引种试种面包果物候期为例，对结果树施用氮、磷、钾肥，并与有机肥搭配施用，每个结果周期施肥3～4次，一般围绕促花、壮果和养树等几个重要环节进行。具体施用时间与用量如下。

（1）花前肥　在面包果夏初发芽、抽花序前施速效肥，以促进新梢生长与促花壮花，提高坐果率。一般在3月中下旬至4月施用，每株施尿素0.5千克、氯化钾0.5千克或氮磷钾（15∶15∶15）复合肥1～1.5千克。

（2）壮果肥　在面包果果实迅速增长的时期施保果肥，一般在抽花序后1～2月内施用，及时补充开花时的营养消耗，促进果实正常生长发育。海南的6～9月为面包果果实迅速膨大时期，此时正值海南干旱季节，故必须进行灌溉、施肥、保花保果，以提高产量。花量大的应早施，花量小的宜迟施。此阶段，株施尿素0.5千克、氯化钾1～1.5千克、钙镁磷肥0.5千克、饼肥2～3千克。

（3）果后肥　施养树肥是面包果稳产的一项重要技术，施好养树肥能及时给植株补充养分，以保持或恢复植株生势，避免植株因结果多、养分不足而衰退。在面包果果实采收后，要及时重施有机肥和施少量化肥。一般在11月中下旬至12月施用，每株施有机肥25～30千克、饼肥2～3千克（与有机肥混堆）、氮磷钾（15∶15∶15）复合肥1～1.5千克。

3.施肥方法　面包果的施肥方法应根据树龄、肥料种类、土壤类型等来决定。适宜的施肥方法，可以减少肥害，提高肥料利用率。在生产中，施肥方法有环沟施或穴施等。施肥时，在株间或行间的树冠滴水线外围挖条形沟施下，施肥沟的深浅依肥料种类、施用量而异。

有机干肥施用宜开深沟施，规格为长80～100厘米、宽30～40厘米、深30～40厘米，沟内压入绿肥，施有机肥并覆土。有机液肥和化学肥料宜开浅沟施，沟长80～100厘米、宽10～15厘米、深10～15厘米。施肥时混土均匀。旱季施化肥要结合灌水，有机肥施用应结合深翻扩穴深施。

4.中耕除草　面包果根系生长庞大，有些根系沿着接近地表不断延伸横走并吸收营养物质，因而如果土壤通气性好，有机质丰富，则生长迅速。除草一般结合施肥进行，并松土，深10～15厘米，提高土壤的通气性和保水性，促进新根的生长，保持树体长势良好，树盘无杂草，果园清洁。

5.修剪　果实采收后应适当修剪，剪截过长枝条，剪去交叉枝、下垂枝、徒长枝、过密枝、弱枝和病虫枝等，植株高度控制在6～8米为好，培养矮化树形（图2-29），以增强其抗风性。树冠株间的交接枝条也剪去。树冠枝叶修剪量应根据植株长势而定。结果树修剪宜轻，对中下部枝条尽量保留，对个别大枝、徒长枝也要适当修剪，修剪时宜由下而上进行，通过整形修剪使枝叶分布均匀、通风透光，形成层次分明、疏密适中的树冠结构，植株产量也高。高产植株见图2-30。

图2-29　成龄面包果树形

图2-30　面包果高产植株

修剪可以控制树高，但也存在一定缺点。修枝整形过重会减少产量，因为果树修剪后在接下来的季节会旺盛营养生长。修剪不对，病原体会从伤口进入树体，导致树体衰退，影响树体健康。面包果作为一种国内近年引进的新奇作物，在世界上也属于未被充分重视和研究的作物，在修枝整形、施肥管理以及农业信息等方面的研究成果很少，有待进一步系统深入研究。

三、灾害性天气防御

1. 寒害预防处理　寒害是我国面包果引种栽培遭遇的主要自然灾害之一。当温度低于10℃时，面包果停止生长，5℃时便会受到寒害。海南万宁兴隆自引种面包果以来，各植区都出现过不同程度的寒害。轻者嫩梢生长发育停止、顶芽干枯，叶片出现褐斑；重者全株叶片脱落，枝条干枯，甚至整株死亡。因此，针对冬春低温阴雨天气，在气温较低时，要做好防寒工作。常用的防寒措施如下。

（1）**施肥防寒**　施用火烧土、草木灰、农家肥等热性肥料，并合理使用叶面肥，可增强面包果树体抗寒能力。每株可施腐熟禽畜粪肥，农家肥5～10千克或饼肥1～2千克，并在树体周围撒施石灰粉0.5～1千克。阴雨转晴后，叶面可喷施0.1%～0.3%磷酸二氢钾。施肥的同时结合开沟培土或覆盖。先在树盘内放置一层稻秆或草木灰，然后以树干为中心，培高10～20厘米的土堆，以提高土温和树体自身抗寒抗霜能力。

（2）**主干涂白**　对主干进行涂白，既防寒又杀菌。涂白剂的制作方法：准备生石灰10千克，食盐0.5千克，水40千克，黏土1～2千克；先用水化开生石灰和食盐，滤去残渣，后加入黏土充分搅拌，再对水搅拌均匀。在晴天将主干主枝基部均匀涂刷。涂液时要干稀适当，以涂刷时不流失、干后不翘、不脱落为宜。

（3）**果园熏烟**　结合冬季清园，铲除果园杂草以及修剪的枝叶等堆积于地头，堆物以湿泥封盖，在寒流低温来临前的傍晚点燃，让其慢慢燃烧发烟，使果园上空形成一层烟雾，减少冻害。熏烟防寒时一定要注意防止明火发生火灾。

（4）根部灌水　利用井水进行灌溉，提高土壤的含水量和地温，防止接近地面的温度骤然降低，引起冻害。有霜冻时还需在早晨太阳出来前叶面喷水洗霜，以防太阳出来冻伤叶片。

（5）防病保树　低温阴雨天气，要及时修剪面包果受害枝条和清除枯枝落叶，并集中于园外烧毁，预防病害发生。此时易感多种病害，造成大量落花落果，可选用45%咪鲜胺乳油500倍液，或70%甲基硫菌灵可湿性粉剂800倍液，或80%戊唑醇水分散粒剂500 ~ 800倍液，隔5 ~ 7天喷1次，连喷2 ~ 3次。

（6）修枝整形　轻度寒害树的处理，可将受害树干枯的嫩枝、顶芽剪除，结合修枝整形，重新培养矮、壮、疏、匀、立体结果性能好的树冠。锯口倾斜度以20° ~ 30°为宜，斜度大时伤口不易愈合，锯口过平则易积水，引起锯口腐烂，也不利于伤口愈合。锯口直径大于5厘米的应进行涂封，应在切锯后2 ~ 3天锯口干燥后进行，涂封剂可用油漆、沥青等。

2. 台风灾害预防处理

（1）台风前果园预防措施

①园区规划。面包果果园应选择地势较高、易于排水的地方建园；园区规划要与防护林设置相结合。

②设置排灌系统。山坡地应在坡顶挖环山防洪沟，通常要求沟面宽0.8 ~ 1米、底宽及沟深0.6 ~ 0.8米，以减少水土流失。

③捆绑加固。为防强风摇动植株导致根部受损、枝条折断，新植幼龄树应设立支柱加以固定，支柱可采用竹子、木条等，再以绳子或布条固定主干。

④修枝整形。在海南，每年8 ~ 10月台风较为密集的时期，当果实采收后应进行修枝整形，将过密枝条剪除，并适当矮化植

株，缩小树冠，减低风害。

（2）台风灾后田间管理技术

①排除积水。台风期间和台风后立即疏通排水沟，加快地面积水的排除。

②吹斜或吹倒植株的处理。吹斜的植株要及早扶正，适时修剪，立柱固定，留梢养树；对吹倒的植株，由于根部严重受损，不可立即扶正，应先适度修剪地上枝条，待树势恢复后再逐步扶正。

③断裂枝条处理。枝条折断处应予重新修整，修剪口往上斜，防止修剪口积水腐烂。最好在修剪口涂上油漆、凡士林或其他保护剂。

④保护根颈，恢复树势。台风后检查面包果树体，如果树体根颈周围已形成一个洞，可配制50％多菌灵可湿性粉剂500倍液喷根颈部，然后培新土固定。

⑤病虫害防治。台风过后容易发生面包果花果软腐病和炭疽病等，可选用50％多菌灵500倍液或70％甲基硫菌灵800倍液，每隔3天喷药1次，连喷2～3次。

⑥水肥管理。在面包果根系恢复后，新叶抽长，此时可薄施有机肥、复合肥或喷施叶面肥等以恢复植株生势。

第六章

面包果病虫害防治

面包果通常树体健壮，病虫害发生相对较少，如何有效地防治面包果病虫害是丰产稳产不可或缺的重要环节。由于是近年引进作物，国内面包果病虫害的研究刚起步，在国外或原产地，其研究相对较为深入。Marte（1986）和Rajendran（1992）研究表明，面包果通常也会遭受盾蚧、粉蚧和叶片褐斑病的危害。在自然条件下，其病虫害的发生通常具有区域性：二斑叶蝉在夏威夷危害严重；平刺粉蚧（*Rastrococcus invadeniss*）危害非洲西部的一些地区；而座坚壳属（*Rosellinia* sp.）真菌则被报道对特立尼达和格林纳达的面包果具有潜在威胁（Marte，1986）。座坚壳属真菌病害严重时可以导致面包果死亡，传播速度也相对较快，急需一种快速有效的防控方法。试验结果表明，土壤中拌入生石灰能够有效减少该真菌病害。根结线虫（*Meloidogyne* sp.）在马来西亚危害严重，通常引起面包果生长缓慢、分枝减少、叶片发黄和根系不发达等症状（Razak，1978）。

在19世纪60年代，密克罗尼西亚的面包果上出现了一种"平吉拉普病"，导致大片的面包果遭受毁灭性灾害。在许多岛屿，尤其是在关岛和卡洛琳环礁，梢枯病（die-back）的危害很严重（Zaiger和Zentmeyer，1966）。Trujillo（1971）调查发现该病害并没有专门的病原菌，应该是台风、干旱、树木老龄化、盐碱化和一些其他环境因子综合作用的结果。这种病害在一些加勒比海岛屿上也被发现（L.B. Roberts-Nkrumah，1990）。最近玛丽亚岛上的研究人员发现，褐根病菌（*Phellinus noxiusa*）是该病害的病原物

（Hodges和Tenorio，1984）。很多病原菌都可以导致面包果果腐病，包括疫霉菌（*Phytophthora*）、炭疽病菌（*Anthracnose*）和根霉菌（*Rhizopus*），这些病原物通常危害熟透的果实，及时采摘成熟果可以有效避免上述病害（Trujillo，1971；Gerlach和Salevao，1984）。在印度，通过在收获期全株喷施1%石硫合剂（2周1次）来防控疫霉病病害（Suharban和Philip，1987）。亚洲果蝇也会危害熟透的果实和掉落的果实，在菲律宾可以导致30%左右的损失（Coronel，1983）。

近年笔者对海南万宁兴隆香料饮料研究所引种种植的面包果进行病虫害调查发现，目前危害面包果的主要病害为果腐病、褐根病，害虫主要有天牛、黄翅绢野螟和果蝇等。

第一节　主要病虫害及防治

一、面包果果腐病

（一）危害症状

面包果果腐病主要危害果实，幼果、成熟果均可受害，受虫伤、机械伤的果实易受害。果实发病初期产生圆形或椭圆形黑褐色水渍状病斑；随后病斑迅速扩大，发病处略显凹陷，感病的果，病部变软，果肉组织溃烂。

（二）病原菌

该病病原菌为匍枝根霉（*Rhizopus nigricans*）。由分枝、不具横隔的白色菌丝组成。在基质表面横生的菌丝叫匍匐菌丝，匍匐菌丝膨大的地方向下生出假根，伸入基质中以吸取营养；向上生出数条直立的孢子囊梗，其顶端膨大形成孢子囊。孢子囊内形成具多核的孢囊孢子（参见菠萝蜜部分图1-41）。

（三）发生规律

此病发生普遍，为面包果果实上的常见病害。病菌腐生性强，可以附着在病残体上营腐生生活。病菌从伤口或生活力极度衰弱的部位侵入，喜温暖湿润气候。

（四）防治方法

1.农业防治　加强田间卫生管理，及时清除植株感病的花、果及地面枯枝落叶，并集中于园外烧毁或深埋；合理修剪，保持果园适宜荫蔽度，改善果园的光照和通风条件；防止果实产生人为或机械伤口；避免果园积水。

2.化学防治　在开花期、幼果期喷药护花护果，选用10%多抗霉素可湿性粉剂或80%戊唑醇水分散粒剂500～800倍液，或90%多菌灵水分散粒剂800～1 000倍液。每隔5～7天喷施1次，视病情发展情况，确定喷施次数，一般连续喷施2～3次。

二、褐根病

（一）危害症状

该病为真菌病害。在国外，这是导致根烂，继而感病植株长势衰弱，渐渐枯死的一种主要病害。病根表面沾泥沙多，凹凸不平，不易洗掉；有铁锈色、疏松绒毛状菌丝和薄而脆的黑色革质菌膜。病根干腐而脆，剖面有蜂窝状褐纹。当树木染病后其树根患部组织会变色，但与健康组织间界限不明显，而后木材褐化，数月后白腐，长有不规则褐色网纹线。病根表皮易剥离，覆盖褐色菌丝块，并黏附土砾石块。若树木感染褐根病未经妥善处理，其结局则是病株急速凋萎，树木死亡后干枯的叶片与果实可存留在枯树上数月，或者植株生长衰弱，叶片稀疏掉落，约半年到1年后死亡（同菠萝蜜褐根病相似）。

（二）病原菌

该病病原菌为 *Phellinus* sp.，为担子菌亚门层孔菌属真菌。

子实体木质，无柄，半圆形；边缘略向上，呈锈褐色；上表面黑褐色；下表面灰褐色不平滑，密布小孔。

（三）发生规律

病菌通过雨水或灌溉水进行传播和蔓延。地势低洼、排水不良、田间积水、植株根部受伤的田块发病严重。多雨季节发病严重。

（四）防治方法

参见菠萝蜜褐根病。

三、榕八星天牛

（一）分类地位及形态特征

参见菠萝蜜相关部分。

（二）危害特征

幼虫蛀害树干、枝条，使其干枯，严重时可使植株死亡。该虫每年发生1代。成虫夜间活动危害叶及嫩枝。雌成虫在树干或枝条上产卵，幼虫孵出后在皮下蛀食坑道呈弯曲状，

图2-31　危害树干

后转蛀入木质部，此时孔道呈直形，在不等的距离上有一排粪孔与外皮相通，由此常可见从此洞中流出锈褐色汁液。

（三）防治方法

1. 农业防治　加强水肥管理，增强树势；在6～8月成虫出孔、产卵高峰期，经常巡视园区，及时捕杀成虫；用铁丝在新排粪孔钩杀幼虫。主干受害时，选用生石灰与水按照1：5比例配制成的石灰水，对主干进行涂白。

2. 化学防治　在主干发现新排粪孔时，使用注射器将5%高效

氯氰菊酯乳油或10%吡虫啉可湿性粉剂100～300倍液注入新排粪孔内，或将蘸有药液的小棉球塞入新排粪孔内，并用黏土封闭其他排粪孔。

四、黄翅绢野螟

（一）分类地位及形态特征

参见菠萝蜜相关部分。

（二）危害特征及发生规律

每年4～10月为发生盛期。雌成虫产卵于嫩梢，幼虫孵出后蛀害嫩梢、花芽或正在发育的果中，致使嫩梢萎蔫、幼果干枯、果实腐烂。在嫩梢中幼虫发育至蛹，待成虫羽化后飞出。危害新梢时，取食嫩叶和生长点，排出粪便，并吐丝把受害叶和生长点包住，影响植株生长。

图2-32　危害嫩梢　　　　　图2-33　黄翅绢野螟幼虫

（三）防治方法

1. 农业防治　害虫零星发生时，对危害嫩梢的幼虫直接捕杀。

2. 化学防治　害虫严重发生时，及时摘除被害嫩梢、花芽，集中倒进土坑，喷施50%杀螟松乳油800～1 000倍液后回土深埋；并选用50%杀螟松乳油1 000～1 500倍液，或40%毒死蜱乳油1 500倍液，或2.5%溴氰菊酯乳油3 000倍液进行全园喷药，每隔7～10天喷施1次，连续喷施2～3次。

五、果蝇

（一）分类地位

果蝇（*Drosophila melanogaster*）属双翅目果蝇科。

（二）形态特征

果蝇体型小，雌虫长约2.5毫米，雄虫略小。卵约0.5毫米，具有绒毛膜和一层卵黄膜包被，一天内就会孵化为幼虫，幼虫经3龄长至2.5毫米，老熟幼虫吐丝自缠成蛹，经过5～7天后羽化为成虫飞出。蛹壳半透明，呈黄褐色，或深黄褐色，长椭圆形。

（三）危害特征

果蝇主要危害面包果的果实。雌成虫产卵于果实表面，幼虫孵化后在果实内危害，致使果肉腐烂。果实受鸟啄、鼠咬的伤口，最易受果蝇群附产卵，果肉败坏，造成落果。

（四）防治方法

1. 农业防治　加强田间卫生管理，及时清除植株感病果及地面落果，并集中于园外烧毁。

2. 物理防治　①果实套袋，在面包果幼果期果实未被果蝇产卵前及时进行套袋，可有效防治成虫产卵所造成的危害。②诱杀。开始挂果至果实采收期悬挂性引诱剂甲基丁香酚，诱杀雄虫，削减产卵量，将诱捕器悬挂于离地面1.5米左右的树冠上，每公顷挂60～75个瓶，选用梅花式排列。

3. 化学防治　在成虫发作高峰期，每月用氯氰菊酯3 000倍液全园喷洒1～2次，或用50%敌百虫1 000倍液+30%红糖喷洒树冠，诱杀成虫，每周喷1次，连续喷洒3～4次。喷洒时间最好在上午9时进行。

六、茶角盲蝽

（一）分类地位

茶角盲蝽（*Helopeltis theivora* Waterh）属半翅目盲蝽科。

（二）形态特征

成虫体褐色或黄褐色。雄虫体长4.5 ～ 5.5毫米，雌虫体长5.0 ～ 6.0毫米。头小，后缘黑褐色。复眼球状向两侧突出，黑褐色。前翅部分革质部分透明，膜质部分灰黑色具虹彩，并伸出腹末2毫米左右。触角丝状4节，是虫体长的2倍。喙细长，浅黄色，末端浅灰色，伸至后胸腹板处。中胸褐色，背腹板呈橙黄色，小盾片后缘呈圆形，其前部变成一直立的棒槌状突起，长约1.5毫米，下半部向下端渐大，占小盾片的大部分，呈褐色，上半部向上端渐小，呈黄褐色，顶端膨大呈倒圆锥体，色黑褐。腹部淡黄至浅绿色。雌虫腹末3节腹面为生殖器，色黑，产卵管倒勾向前陷入腹部；雄虫腹末端橙黄色比末腹节稍大。足细长，黄褐至褐色，其上散生许多黑色小斑点（图2-34）。

卵形似香肠，长宽约1.5毫米×0.4毫米。顶端着生两条平行不等长的白色刚毛，毛端稍弯，长度分别为0.7毫米和0.5毫米。初产时白色，后渐转为淡黄色，临孵化时呈橘红色。

初孵若虫橘红色，小盾片无突起。2龄后，随龄期增加，小盾片逐渐突起。各龄若虫盾片长度分别为：2 龄约0.2毫米，3 龄约

图2-34　茶角盲蝽成虫

图2-35　茶角盲蝽若虫

0.5毫米，4龄0.8～1毫米，5～6龄约1.2毫米，体色浅黄至浅绿色。形似成虫，但无翅。老熟若虫长4～5毫米，足细长，善爬行（图2-35）。

（三）危害特征

茶角盲蝽若虫和成虫在海南地区可终年危害面包果嫩梢、花枝及果实。嫩梢、花枝及果实被害后呈现多角形或梭形水渍状斑，斑点坏死，嫩梢干枯（图2-36）；幼果被害后呈现圆形下凹水渍状斑并逐渐变成黑点，最后皱缩、干枯；较大果实被害后果壁上产生许多疮痂，影响外观及品质，被害严重的种植园，外观似火烧景象，颗粒无收。

图2-36　茶角盲蝽危害面包果幼果症状

（四）防治方法

1.农业防治　合理密植，合理修剪，避免植株过度荫蔽；清除园中杂草灌木，对周边园林绿化植物、行道树等及时整枝疏枝使其通风透光，形成不利于盲蝽生长繁殖的环境条件。

2.化学防治　每年10～12月盲蝽发生盛期喷施4.5%高效氯氰菊酯1 500倍液、40%乐果1 200倍液或48%毒死蜱乳油3 000倍液进行防治。

第二节　综合防治

　　面包果病虫害是影响面包果产业丰产增收的重要因素。例如面包果果腐病发生严重时可致株产减少20%～30%，天牛可导致盛产期的树体干枯死亡。因此，提高广大种植户对病虫害的防治意识和防治技术水平，是当前我国发展面包果产业重要而迫切的工作。

　　面包果在我国的推广种植尚处于初级阶段，随着生长季节、栽培环境、种植品种、气候条件等因素的变化，病虫害种类及危害程度也会随之发生变化，因此有必要对面包果病虫害采取以下综合防治措施。

　　①坚持"预防为主，综合防治"的植保方针，及时预防，避免病虫害发生流行。

　　②引进种质资源时要严格执行检疫审批制度，避免检疫性病虫害的传播和蔓延。

　　③从长期出发，着眼全局，合理规划，科学布局，综合考虑品种抗性、种植模式、果园布局等方面，降低病虫害防治的难度。

　　④加强田间管理，合理施肥，增加植株自身抗性，创造不利于病虫害发生的环境条件。

　　⑤长期系统地开展田间调查、监测和预报工作，及时掌握病虫害发生动态和发生规律，为病虫害防治提供技术指导。

第七章

面包果收获和加工

第一节 收 获

一、采收

一般来说，面包果从开花到果实成熟需要4～5个月。在海南兴隆，面包果在春末夏初的4～5月开花，8～11月为果实发育成熟期。

面包果果实在采收后1～3天迅速成熟变软，最好采收前做好准备工作，随采随运，就近销售。采摘和成熟度关系到果实的储运、风味和销售等环节。果实正常发育过程颜色为绿色。当果实变为黄绿色时，可采收。此时果肉呈白色，较适合煮食。当果实完全成熟时呈橙黄色，过熟则果柄带果轴自行脱离，从树上掉落，容易发酵腐烂，极不耐储藏。

面包果宜在尚未成熟时进行采摘和出售。小心采摘和正确的采后处理是保证面包果质量的必要条件。落在地上的面包果比树上采摘的果实更容易擦伤和软化，需要轻轻处理。在国外，采收果实常用的工具是一个类似高枝剪的工具，下方套一个编织网袋，钩或剪去果柄，果实掉在编织网袋中，这样采收较为方便。采用高强度的铝合金人字梯采收也非常实用。铝合金人字梯重量轻，携带方便并配有强固的防滑梯脚，能够在不平或粗糙的地方使用，安全性好。梯子尺寸可从高度2米至6米，或更高，这几乎能满足面包果的采收要求。如果更高的树，那就只能采取人工爬树采摘。果实表面美观，不干裂和软化，价格相对较高。

此外，建议在种植园里，在植株开花时，给予挂牌，标注开花时间，以作为将来采收期进行有计划的分期分批采收果实的依据。

二、采后处理

面包果的果实在采摘后2～3天迅速成熟，为了延长保质期，采摘过程中应小心采摘，在采收现场及运输过程中应加碎冰块保存。

采收后先存放在干燥阴凉的地方，不要堆放，避免压伤而烂果。装运时最好用竹箩筐分装，每个面包果用软包装物或其他包装物包裹；运输过程中可加碎冰块，尽量避免长途运输中温度高、震坏。将面包果放入水箱中，也可以延缓几天软化，这在牙买加是最流行的方法。

长期以来，在南太平洋岛屿地区，面包果结果旺季，一些新鲜成熟果实往往就地销售或烤熟剥皮销售（图2-37、图2-38），也可经海运到达临近岛屿等地销售。但是鉴于面包果储运不便，难以远销，使产区以外的人们难有口福，也使面包果生产难以获得

图2-37 熟果就地销售

图 2-38　烤熟剥皮销售

应有的经济效益而受到局限。为了使面包果种植者获得应有的经济效益，开拓面包果采后保鲜研究是非常必要的，储藏期较长，将有助于面包果生产的发展，也是发展山区农业经济的一个良好途径。

国外一些学者为了延长面包的货架期也开展了相关的研究，结果表明，在12℃以下保存时，果实出现冻伤。面包果经聚乙烯袋或保鲜膜包装，并在14℃低温下密封储藏和直接在在该温度下储藏，面包果能分别保存品质10天和7天。

加勒比海地区以及萨摩亚、斐济、夏威夷的学者研究也表明面包果采后处理的重要性，这能使果实因为后熟而造成的损失降低50%。采后保鲜处理能延长保质期和保证质量。采用黄心面包果品种进行采后处理研究，首先在预处理和运输过程中使用冰块降温，在16℃的水中清洗，然后风干保存或在聚乙烯袋包装密封后室温或冷藏保存。结果表明，在环境温度28℃条件下未经处理的果实只能持续两三天就软化，而那些存储在水中的面包果保质期最长有5天，经聚乙烯袋密封后保质期有5～7天，打蜡的果

实可以保质8天。和未经处理的比较，经包装的果实保质期明显
延长。

　　经包装冷冻保存的果实在25天内都是很硬的，显然冷藏延长
了保质期。但过冷的温度会降低水果的品质和外观，导致果皮和
果实收缩、变少。果皮褐变是一个表面问题，其果实本身仍然是
非常适合烹饪和加工的。储存温度在8℃时，第四天果实表面开始
出现褐化；冷冻保存的最好温度是12～16℃，经包装的、未经包
装的果实保质期分别为14天和10天。打过蜡的果实在16℃能够存
储18天，从第十天开始出现一些褐化，但如果在5%二氧化碳、
5%氧气容器空间中，能显著降低果实表面的褐变，保存期能延
长至25天。显而易见，气调储藏能延长面包果的保质期，但成本
较高，产区是否采用该种方法保存应根据具体情况而定。在储存
保鲜方面的进一步研究将有助于扩大新鲜面包果远销到产区以外
市场。

　　在主产国，一些国家为了促进面包果的科学采摘和保存，成
立了一些面包果种植户的合作组织，统一采收保存标准。如斐济
的一些面包果联合社制作了详细的手册用于种植和销售出口的新
鲜面包果。新西兰要求进口面包果必须经过强制高温杀毒，并隔
离处理杀死果蝇卵和幼虫，接着检验，再包装，并在15℃条件下
装车和运输，在该温度下的面包果一般可以保存10天。

三、果实利用

　　面包果的果实与面包一样，是人们日常的一种食物，烹饪方
法简单，食用方便。采收后，让白色的果胶流干，然后用刀把果
皮切去，把果实切成4块，再把中间的果心（花序轴）清除，然后
把果实切成小块（图2-39至图2-41）。此时可把果实当做马铃薯一
样，蒸或煮都可以，也可切片油煎，根据个人喜好加入盐、胡椒
粉、大蒜等调料，松软可口，营养丰富。煮好的面包果块也可拿

出装在保鲜袋中，冷藏或冷冻。在兴隆地区华侨人家常用咖喱来煮面包果，具体做法是：把面包果切块，在锅中大火煮沸3～5分钟，捞出滤干，接着把咖喱煮熟，再把面包果块放入翻炒一下，入味即可。

图2-39　去　皮

图2-40　去果心

图2-41　切　块

　　面包果也可以放在烤箱中烤。果实切成片，不要太薄，一般以0.6～0.8厘米厚为宜，面包片两面刷上融化的黄油或植物油，均匀地撒上一点椒盐，烤盘垫上锡纸、吸油纸，放在烤盘中，烤箱预热150℃，然后将面包果片放入烤箱，调至110～120℃，经20～25分钟，面包果表面金黄但里面软糯，这个出炉的是比较自然原始的植物面包味道。

　　微波炉加热也可以，具体方法是：面包果削皮切小块，放入盘中；取适量黄油微波炉加热化开，加入适量盐，葱、蒜切末备用。盘中撒上蒜末，均匀倒入黄油或咖喱，用微波炉烧烤档加热，待快成熟时暂停加热，撒上葱末，再加热完成即可。

　　原产地的有些居民在野外直接生火，面包果不需要去皮，像烤地瓜一样烤面包果，待熟后直接剥皮就可食用，简单又营养。

第二节　加　工

面包果保鲜困难，不易远途运输，而且由于上市时间相对集中，市场上大多以鲜果及初加工产品为主，还谈不上深加工。目前我国面包果种植规模小，以果实当地销售为主。在原产地，具备规模加工能力的生产企业较少，产量有限，加工工艺落后，加工相对简单易行且节省成本。例如，果干加工主要采用干燥后磨粉为主，一种方法是，面包果切片或切碎，用太阳能烘干机或干燥机烘干（电动烘干机更节能），研磨成粗粉或面粉。传统的干燥方法是明火烘烤整个果实，之后切成小块，在火上烘干，这些果块有一点令人不愉快的烟熏味道。面包果面粉可以部分替代进口小麦粉，制作面包、蛋糕、糕点，也可以适当出口创收。

成熟的果实可以加工成美味的薄薄果片，或者和当地的一些水果一起加工成混合果片。在南太平洋岛屿地区，也常见到用椰子油或植物油油炸的面包果小食品出售。油炸食品对原果风味损失严重，且浪费较多能源，外观差，产品较难达到出口的相应标准。综上所述，开展面包果鲜果保鲜、果品深度加工技术研发与推广应用，是我国面包果科研与推广工作者下一步的工作重点。

第八章

面包果营养成分、利用价值及发展前景

面包果为桑科菠萝蜜属大型常绿乔木，是一种典型的多年生热带果树，高可达15～20米，叶大浓密，十分美观，可用作园景树、庭荫树、行道树、防尘树等，面包果的果肉及种子均富含蛋白质、碳水化合物、矿物质及维生素。果实去皮切片后，果肉可煎、煮、烘烤、油炸，味似面包或马铃薯，可用于制作薯条、面包、蛋糕、馅饼等食品，煮排骨汤、炒蛋食用味道亦佳。种子可煮、烘烤或炸食，味香甜似板栗。木材轻盈耐用，具有防白蚁和海洋蠕虫的功效，广泛用于建屋和造船，也可用于制作碗筷、雕刻品以及家具等其他物品。面包果既是水果，也是一种木本粮食，具有良好的开发潜力和市场前景。

第一节 营养成分及利用价值

一、营养成分

面包果营养价值丰富，其果肉及种子均富含蛋白质、碳水化合物、矿物质、维生素及丰富的膳食纤维。每100克面包果含蛋白质1.34克、脂肪0.31克、碳水化合物27.82克、纤维素1.5克、灰分1.23克，以及钙、磷、铁、钾，胡萝卜素和B族维生素等营养成分。100克面包果粉的热量为1 380千焦，含蛋白质4.05%、碳水化合物76.70%，而100克木薯粉的热量为1 450千焦，含蛋白质

1.16%、碳水化合物83.83%。与同为淀粉类食物的木薯相比，面包果的蛋白质含量更高。面包果果肉、种子营养成分及矿物质元素见表2-1和表2-2。

表2-1　成熟的面包果营养成分（每100克面包果肉）

营养物	生的[1]	生的[2]	蒸[3]	煮[1]	烤[2]	生的[4]	煮[4]
能量（千焦）	448	285～469	448～578	314	469～482	—	—
蛋白质（克）	1.5	0.8～1.4	0.6～1.3	1.3	0.6～1.3	—	—
碳水化合物（克）	23.6	17.5～29.2	25～33	14.4	29.9～30.2		
脂肪（克）	0.4	0.3	0.1～0.2	0.9	0.2		
纤维（克）	2.5	0.8～0.9	2.1～7.4	2.5	0.9		
水（克）	72	67.6～79.4	65～73	81	66.5～67.2		
钙（毫克）	25	19.8～36	10～30	13	23.2～26.4		
铁（毫克）	1	0.33～0.46	0.4～1.1	0.2	0.36～0.52		
镁（毫克）	24	26.4～41.1	20～30	23	23.1～46.2		
磷（毫克）	—	26～29.7	18～41	—	26.4～32.1		
钾（毫克）	480	224～354	283～437	350	283～339		
纳（毫克）	1	4.2～10.4	13～70	1	4.9～6.6		
锌（毫克）	0.1	0.07～0.1	0.07～0.13	0.1	0.07～0.17		
铜（毫克）	—	0.06～0.1	0.04～0.15		0.04～0.10		
锰（毫克）		0.04～0.07	0.04～0.08		0.03～0.07		
硼（毫克）		0.50～0.54	0.09～0.19		0.51～0.72		
维生素C（毫克）	20	18.2～23.3	2～12	22	14.1～15.4		
硫胺素（毫克）	0.1	0.25～0.31	0.09～0.15	0.08	0.19～0.22		

（续）

营养物	生的[1]	生的[2]	蒸[3]	煮[1]	烤[2]	生的[4]	煮[4]
核黄素（毫克）	0.06	0.09~0.11	0.02~0.05	0.05	0.07~0.10	—	
烟酸（毫克）	1.2	1.6~1.8	0.75~1.4	0.7	1.6~1.9	—	
叶酸（微克）	—	—	0.67~1.0	—	—	—	
β-胡萝卜素（微克）	24	—	8~20	30	—	48~140	1~868
α-胡萝卜素（微克）	—	—	—	—	—	10~14	5~142
β-隐黄质（微克）	—	—	8~11	—	—	1	<10
番茄红素（微克）	—	—	13~26	—	—	—	—
叶黄素（微克）	—	—	41~120	—	—	204~590	35~750
玉米黄素（微克）	—	—	—	—	—	60	10~70

资料来源：1. Dignan 等，2004（品种无数据）；2. Meilleur 等，2004（1 个品种，2 个地点）；3. Ragone 和 Cavaletto，2006（20 个品种）；4. Englberger 等，2007（14 个水煮品种，2 个生的）。

表2-2　面包果种子的营养成分（每100克面包果种子）

营养	生的[1]	水煮[1]	水煮[2]	烘烤[1]	烘烤[2]
水（克）	56.3	59.3	59	49.7	50
能量（千焦）	800	703	649	867	800
蛋白质（克）	7.4	5.3	5.3	6.2	6.2
碳水化合物（克）	29.2	32	27.3	40.1	34.1

（续）

营养	生的[1]	水煮[1]	水煮[2]	烘烤[1]	烘烤[2]
脂肪（克）	5.6	2.3	2.3	2.7	2.7
纤维（克）	5.2	4.8	3	6	3.7
钙（毫克）	36	61	69	86	86
铁（毫克）	3.7	0.6	0.7	0.9	0.9
镁（毫克）	54	50	50	62	62
磷（毫克）	175	124	—	175	
钾（毫克）	941	875	875	1082	1080
纳（毫克）	25	23	23	28	28
锌（毫克）	0.9	0.83	0.8	1.03	1.0
铜（毫克）	1.15	1.07	—	1.32	
锰（毫克）	0.14	0.13	—	0.16	—
维生素C（毫克）	6.6	6.1	6.1	7.6	7.6
硫胺素（毫克）	0.48	0.29	0.34	0.41	0.41
核黄素（毫克）	0.30	0.17	0.19	0.24	0.24
烟酸（毫克）	0.44	5.3	6	7.4	7.4

资料来源：1. 美国农业部，2007；2. Dignan 等，2004。

二、利用价值

1. 食用价值 面包果幼果可煮食，味似朝鲜蓟芯，也可以盐渍或浸泡。成熟果实去皮切片后，果肉可煎、煮、烘烤、油炸，味似面包或马铃薯，也可用于制作薯条、面包、蛋糕、馅饼、麻薯、果酱、果酒、果醋等食品，煮排骨汤、炒蛋食用味道亦佳。种子坚硬、肉质细密、味道香甜如板栗，可煮或烧熟食用，也可以作成浓汤。在特立尼达和多巴哥、格林纳达非常盛行的"oil down"，便是由咸猪肉、面包果、椰子汁以及芋头叶进行烹饪的一种食物。在菲律宾，煮熟的面包果块跟椰子和糖一起制成糖果，据说用这种糖可保存3个月左右。

2. **工业价值** 面包果是一种季节性作物，由于果实供应不稳定，目前其工厂化加工仍然处于初级阶段。牙买加有生产盐水切片面包果罐头，也有人生产少量面包果粉和脆片，经评价这种面粉可以替代浓缩小麦粉，作为速溶婴儿食品的基本原料。在巴西、波多黎各以及喀麦隆，已从果实中提取出淀粉，由于它的黏性和胶体性比较好，有望应用于造纸、纺织等工业生产上。

3. **药用价值** 面包果的各个部位均有药用价值，特别是其汁液、叶端和韧皮。将汁液涂抹在皮肤上可治疗骨折及扭伤，将它制成绑带绑在背脊上可以减轻坐骨神经痛。汁液、碾碎的树叶通常用于治疗皮肤病以及鹅口疮等由真菌引起的疾病。口服稀释的汁液可治疗腹泻、腹痛及痢疾。在太平洋群岛，面包果的汁液及碾碎树叶的汁都可用来治疗耳朵感染。树根具有很好的收敛性，可用作通便剂，浸提后还可用作治疗皮肤病的药膏。在一些岛屿，树皮也用于治疗头疼。面包树的药用研究一直都很活跃，在西印度群岛，黄色的树叶可熬制成茶汤，饮此汤具有降血压和减轻哮喘的功效，这种茶汤也可用于治疗糖尿病。目前，针对面包果不同部位提取物功效的研究已取得令人满意的效果。在我国台湾，树叶用于治疗肝病及发烧。花浸提物在治疗耳朵水肿方面非常有疗效。树皮提取物具有良好的细胞毒活性，对培养的白血病细胞具有抑制作用。树根提取物和茎皮具有抑制革兰氏阳性细菌的功效，在治疗肿瘤方面具有潜力。

4. **木材的用途** 金黄色的面包果的木材轻盈而富有弹性，且具有抗白蚁和海洋蠕虫性能，因而广泛用于造房和造船。在萨摩亚，最好的房子，尤其是屋顶都是用面包果的木材建造，如果避免直接淋雨，其使用寿命可长达50年。此外，面包果的木材也可用于制作碗筷、雕刻品、家具以及其他物品。

5.韧皮的用途　面包果的韧皮可用来制作一种叫做"tapa"的树皮布料。传统上，这种布多用于婚事和祭奠仪式用的外衣，也用于制作被褥、斗篷、腰带和长袍。韧皮也可制作成非常结实的绳索，用作动物用挽具和捕捉鲨鱼的渔网。

6.汁液的用途　黏乎乎的面包果树汁液有许多用途。在加勒比海及其他地区它被用作口香糖。面包果枝干的汁液非常丰富，早晨割破树皮，然后在当天将风干的汁液收集起来就可制成口香糖。面包果的汁液还用于填补船的缝隙使其不漏水，另外它也可以用于黏合画框的边沿，还普遍被当地人用作粘鸟胶。在库塞埃岛，人们将面包果汁液与椰子油混合用于诱捕苍蝇。

7.叶与花的用途　面包果的树叶广泛用于包裹食物烹饪或直接盛放食物。干枯的托叶或老叶有些粗糙，夏威夷人用它们将木珠和石栗果磨光做成项链或手链等饰品。在雅浦岛，面包果的树叶甚至还可用作岛礁鱼的诱饵。树叶也是牛、山羊、猪和马等家畜的饲料。在许多地区，雄花被腌制成渍品或蜜饯。将烘烤过的花涂抹在疼痛牙齿的齿根周围，可减轻疼痛。在瓦努阿图和夏威夷，人们用燃烧晾干的面包果干花来驱蚊。在夏威夷，面包果的花絮被用来制作一种黄色、棕褐色至棕色的染料。

8.文化用途　在原产地萨摩亚、瓦努阿图和夏威夷等地区，面包果已经完全融入到当地的各种文化中，例如被印在餐桌上，以表示其在饮食文化中的重要作用（图2-42）。

图2-42　餐桌面包果图案

第二节　发展前景

面包果原产于热带，喜高温、湿润的环境，对土壤要求不严，但在土壤深厚肥沃，排水良好的轻沙地生长良好。在国外，多数种植在南太平洋热带岛屿地区，海拔500米以下的低地，降水量在1 500 ～ 3 000毫米，pH6.0 ～ 7.5，温度在21 ～ 32℃、最冷月均温度不低于16 ～ 18℃、极端最低温度5 ～ 10℃的地区为面包果优势产区。由于海南岛位于北纬18°9′ ～ 20°11′，在琼海以南的广大区域，年平均温度在23 ～ 28℃，年平均降水量1 600 ～ 2 600毫米，属于热带气候，光照时间长，热量丰富，雨量充沛，完全可以满足面包果的生长发育，且近几十年的引种试种结果表明，在兴隆面包果每年都能正常开花结果。面包果种植管理较粗放，对土壤肥力要求不严，是低投资、效益好的热带粮食作物。一般种植面包果，3 ～ 6年就开始收获（面包果圈枝苗2年半就开始有收获，6年左右进入盛产期），每公顷植300株，盛产期按株产面包果果实50个、销售价格10元/个计，每公顷年产值可达十几万元，收获期可达50年以上，是一种具有较高经济价值的粮食作物。我国热区的一些偏远山区，农业发展相对落后，农民增收渠道不多，面包果种植符合山区农民文化程度和生产技术条件等现状，发展面包果生产有望成为广大农民脱贫致富的新途径、好品种。

面包果是一种季节性木本粮食作物，近年来仅由民间组织从国外引进面包果实生苗，种植于海南和广东等地，在海南万宁兴隆房前屋后种植，虽具体品种名称不详，但多年引种试种还是能达到较高产量，至今尚未形成商业性栽培。在海南岛其收获期一般为9 ～ 11月，每棵树年产50 ～ 100个果实，由于优良种苗匮乏，作物处于零星种植阶段，产量有限，一般看不到市场上出售面包果，因而未引起有关农业科技研究部门重视，严重阻碍了该作物产业的发展。

面包果早在3 000多年前就有栽培，在原产地其重要性仅次于马铃薯和木薯。研究马克萨斯群岛原住民极为深入的外国学者Handy E.S.C.说，"1 ～ 2棵面包果就足够提供一个人一整年所需的食物。"英国著名探险家、植物学家Joseph Banks曾于1769年说，"如果一个男人在其一生中花1小时种下10棵面包树，那么他将完成自身以及对下一代的职责。"由此可见，面包果具有何等的重要性。

海南的气候条件与面包果原产地气候条件相似，光、热、水资源十分丰富，长夏无冬，有着最宝贵的热带作物（植物）资源，是我国热带旅游观光胜地，年接待海内外游客1 600多万人次。海南除了有众多景点供游客参观之外，典型的热带水果也是游客最想了解和品尝的项目。此外，面包果是优良的岛屿粮食作物，如果大量种植，将会促进岛屿旅游业的发展。因此，若进行面包果优良新品种引进及示范推广，通过混种不同品种达到常年有果的最终目的，这将有利于开辟粮食新资源，丰富包括三沙市在内的整个海南旅游购物市场，同时也是发展高附加值热带农产品的有效途径，且它可以跟山药、芋头等根茎类作物，特别是与槟榔、椰子及咖啡等作物间作，对促进热区农业增效、农民增收具有重要的现实意义，开发利用前景极其广阔。

在我国发展面包果种植业，以下工作值得各方重视，并认真进行策划与研究。

1.继续引进优异种质资源，选育优良品种并开展种苗配套研究 目前我国面包果种质资源还很匮乏，尚处于零星引种试种阶段，栽培品种品系繁杂，品质差异悬殊，具有开发潜力，尚未受到有关部门的重视。为解决这个问题，开展面包果优良品种引进和选育研究工作势在必行。此外，面包果是典型的热带木本粮食作物，对光热条件要求较高，在选育时要注重抗寒品种的选育。

值得一提的是，中国热带农业科学院将热带木本粮食作物作为重点拓展研究的方向之一，这将为面包果今后的研究起到促进作用。

2. 建立优良种苗繁育基地 为了确保种苗质量，提供优质种苗是当前和今后发展面包果种植业的需要。目前，优良品种品系种苗缺乏是制约其生产发展的重要因素，国内这方面的研究尚处于起步阶段，因此有必要建立若干个专业化的面包果苗圃基地，统一提供优质种苗，包括引进的优良新品种种苗，这对海南面包果稳定发展具有十分重要的意义。

3. 进行丰产栽培配套技术研究与推广 目前国外包括原产地在内，面包果成片的商品生产基地还很少，处在庭院栽培阶段，栽培管理粗放、技术不配套、产量不稳定等现状非常普遍，有必要进行综合丰产配套技术研究与示范推广，包括规范栽培技术、病虫害防治技术以及合理施肥技术等。做到既要提高果实产量，更要保证果实品质。

4. 开展面包果淀粉深度研究与应用 面包果采收后，果实会在 1～3 天内迅速软化。如何保存面包果，控制果实的后熟，值得认真研究。国外也研发了面包果淀粉加工工艺，但设备简单，加工规模小，还需进一步深入研究，以开发这种优异的粮食作物资源，促进面包果种植业在我国热区的发展。

第三篇

尖蜜拉栽培与加工

第一章

尖蜜拉概述

尖蜜拉学名*Artocarpus champeden* Spreng，英文名champedak，又名尖百达或小菠萝蜜，是桑科木菠萝属热带特色果树，原产于马来半岛，在马来半岛和泰国南部分布很广，印度尼西亚的苏门答腊岛、加里曼丹岛、苏拉威西岛、马鲁古等地也有种植。它是值得发展的热带果树，因为在东南亚一带，人们认为其果实风味优于菠萝蜜。

尖蜜拉植株高10～15米，具白色乳汁。树皮灰褐色，粗厚。叶背及小枝条常披黄绿色或棕色、弯曲的短柔毛。花为单性花，雌雄同株，花序单生于叶腋。聚花果长椭圆形，直径8～15厘米，长15～30厘米，表面具圆形瘤状突起；果皮黄绿色，果实内无种子或有种子；种子藏于果肉中，有香味，煮食味如栗。一般种植3～5年就可开花结果，在每年的3～5月开花，雄花先开，雌花后开。果实在夏秋季7～9月开始成熟，成年树单株产果量60～200个，单果重2～4千克，每果实含有果胞约20个，胞肉重量占果实的20%～40%，种子重量占果实的10%～15%。

我国20世纪上半叶引种尖蜜拉，现海南、广西、云南西双版纳、广东湛江等地有栽培，最近6～8年海南有小面积规模化商

图3-1　尖蜜拉果实

图3-2　叶被黄褐色刚毛

业栽培。尖蜜拉果实（图3-1）表观及内部结构均似菠萝蜜，但尖蜜拉嫩枝与叶均密被黄褐色刚毛（图3-2）、果形相对较小，因而很容易与菠萝蜜区分。中国热带农业科学院香料饮料研究所自20世纪60年代以来先后多次引种尖蜜拉，并获得成功。尖蜜拉能在海南省万宁市兴隆地区正常开花结果，较好适应当地的气候条件，但只在果园或是庭院中零星种植。

尖蜜拉成熟果肉味浓甜，香型独特，似乎含有榴莲、菠萝蜜和橘子的混合气味，营养丰富，果肉可溶性固形物含量25%，总糖含量38.6%，果肉淀粉含量1.26%，每100克果肉含蛋白质3.5～7.0克、脂肪0.5～2克、维生素C 3～4克，风味比菠萝蜜特别。烤熟或煮熟的种子可食用，味像板栗，富含蛋白质、脂肪和碳水化合物等。据华侨介绍，尖蜜拉煮熟种子比菠萝蜜种子更美味（图3-3）。不成熟的果实去硬皮可用来煮汤，是味道鲜美可口的菜肴。同时，尖蜜拉的木材致密，持久耐用，是建筑、家具的良好用材。虽与菠萝蜜相比，其果实具风味佳、携带方便，成熟果实胶液少、食用方便等优点，但因其上市少，知名度不如菠萝蜜，故而仍是我国热区具有开发潜力的特色果树品种，可适当发展，满足市场需要。

图3-3　尖蜜拉种子

　　由于其引入历史相对较短，国内少有关于尖蜜拉的研究报道，仅有关于品种介绍、栽培技术、开发前景和应用价值的报道，可见当前对于尖蜜拉的研究还未深入，仅仅停留在引种试种阶段，而不像同属的菠萝蜜一样，从资源评价、遗传多样性、组织培养、新品种选育等方面都有过较深入的研究。因而在市面上鲜有尖蜜拉的果实出售，也不足为奇了。

　　二十多年前，我国台湾地区也从马来西亚引进尖蜜拉种植，最终获得成功并得到推广。由于该尖蜜拉品种具有浓香的榴莲味道，因而常被称为榴莲蜜，在台湾市场效益较好。2008年前后，台商又从台湾引进榴莲蜜到海南海口三门坡及琼海塔洋等地试种，获得成功。研究表明，引种的榴莲蜜性状稳定，综合性状优良，种植后5～6年进入盛产稳产期，产量可达100千克/株以上。目前，海南琼海、三亚、乐东、琼中等地有部分地区推广种植。

　　尖蜜拉产量高，硕果累累，味道香甜，既可以开发做水果，种子也可以开发成为一种新型的生态食品替代粮食。随着海南省旅游业的发展及我国人民生活水平的提高，市场对新兴水果的需求越来越大，很多游客对尖蜜拉甚是好奇，加上尖蜜拉较菠萝蜜易于携带，品质佳，因而具有很好的开发潜力和市场前景。尖蜜拉由于以上诸多特点，特别是其新品种榴莲蜜的引种成功及推广种植，得到社会上更广泛的了解，给人们带来新兴水果美食的享受，满足人民日益增长的物质需要。发展尖蜜拉种植业可增加农民经济收入，带动农民脱贫致富，促进热带农业发展，同时还可丰富旅游市场的商品，促进旅游业发展。

　　综述所述，尖蜜拉作为投资省、效益高的热带优稀果树或木本粮食作物，应适当加速推广种植，这样不仅能向市场供应新奇水果和粮食，绿化宝岛，也为热区农民增收提供一个可选的种植新品种。

第二章

尖蜜拉生物学特性

第一节　形态特征

　　尖蜜拉为常绿乔木，高10～20米，与菠萝蜜一样树体含有乳白色的汁液，树皮厚。植株形态类似菠萝蜜，不同之处在于尖蜜拉嫩枝、叶、花序梗、托叶都被有长3～4毫米的褐色硬毛。叶互生，倒卵形，长12～27厘米、宽6～10厘米，基部楔形，叶尾尖，叶面黄绿色至深绿色，叶脉长毛。幼芽有托叶包裹，托叶外被褐色刚毛，里面光滑无毛，早落，在枝条上留有托叶痕。花序着生于树干或枝条上，夹生在叶腋间，长圆棒状，雌花序长4.5～7.2厘米、宽1.5～2.4厘米，雄花序长6～7.6厘米、宽1.0～1.6厘米，雌雄花序具体见图3-4。雌花序梗较雄花序梗粗

图3-4　尖蜜拉雌雄花序

壮，花序梗黄绿色，密被褐色硬毛。果实长椭圆形，长23～46厘米、横径9～16厘米，果重2～4千克，较菠萝蜜轻，果皮刺也不及菠萝蜜尖硬，果皮表面有近四角形的瘤状突起，突起底部绿色或亮黄绿色，尖端红褐色或暗红色（图3-5）。成熟果实几无胶液，果皮与果肉易分离，可人工剥离使果胞成串留在果心上，食用方便，果肉黄色至橙黄色或

图3-5 尖蜜拉成熟果实

暗黄色，果肉甜、香味浓，犹如榴莲，质地介于菠萝蜜的干胞和湿胞之间，有少量软纤维（图3-6）。种子形状多样，有圆形、肾形、长椭圆形、不规则形等，长2.5～3.3厘米、宽2.1～2.5厘米，可煮熟后食用。

图3-6 尖蜜拉成熟果苞

第二节　开花结果习性

　　海南万宁兴隆的气候类型和尖蜜拉的原产地类似，属热带季风气候区，具有典型的热带特征和优越的光、热资源，无霜冻寒害，长夏无冬，年平均气温22.4℃，平均极端低温8.0～9.0℃，年降水量可高达2 400毫米；水资源丰富，土壤类型为黄色砖红壤。在兴隆热带植物园，引种的尖蜜拉每年1～2月开始从主干上抽出很多嫩枝梢，2～3月在主枝和树干上抽生的枝条上开始现花，9～10月果实成熟。在同一株树上，每个果实成熟期也不一致，早开花早成熟，迟开花迟成熟。果实发育期160～180天。有些年份偶见两造果，7～8月第二次开花，12月至翌年1月果实成熟。在海南琼海地区，花期主要集中在3～4月，6月以后果实开始陆续成熟，7～8月进入成熟高峰期。

图3-7　尖蜜拉成龄树

种子实生苗或芽接苗一般4～6年开始开花结果，结果主要集中在主干或一、二级分枝上，三、四级分枝偶见结果，但果实相对较小，成龄树单株产果量在60～200个（图3-7），200千克左右。同株果实大小有差异，在受精花数多的雌花序中，则果形正而大，果胞多，

100 ~ 200个果胞，果实长达46厘米、横径约16厘米；如受精花数少，则果胞少至3 ~ 5个，果实较小。

第三节 对环境条件的要求

尖蜜拉是典型的热带多年生常绿果树，生长发育地区仅限于热带、南亚热带地区，生长条件受各种环境因素支配与制约，喜高温潮湿的环境，肥沃、排水良好的土壤中生长中发育最好，但耐寒力比菠萝蜜弱，其中主要影响因素有地形、土壤条件和气候条件等。

一、地形

海拔高低影响了气温、湿度和光照强度。每一种植物都需要有不同的生态条件。地势高低引起的因素变化导致植物的多样性。

对于尖蜜拉来说，一般分布在热带高温潮湿沿海地区，低海拔地区是较理想的种植地方，在原产地海拔500米以下的森林边缘潮湿地区，生长势仍很正常，甚至海拔更高一点的地方也能看到尖蜜拉的分布，但长势不如低海拔地区。

二、土壤条件

尖蜜拉对土壤的选择不严格，相对于菠萝蜜来说，它的抗旱能力要差一些，适应沙质土、红壤土等多种土壤类型，但以土质疏松、土层深厚肥沃、排水良好的微酸性或中性土壤上生长为佳，这种土壤条件最适合它们生长。土壤黏重、易板结，排水不良或地下水位高的地块均不宜种植尖蜜拉。

果树种植区的土壤pH在5.5以下（即酸性土），就要在土壤中增施生石灰，中和土壤酸度。一般每立方米植穴内，施用1千克生石灰或石灰岩。海南省土壤多为弱酸性，一般定植时每公顷可同时撒施石灰750千克左右。只要上述主要条件得到满足了，尖蜜拉就可以正常生长开花结果。

三、气候条件

尖蜜拉对气候条件的要求严格，影响自然分布和生长发育的气候条件主要包括温度、降水量、光照和风等气象因子。在阳光充足、雨水充沛、通风透气的环境条件下尖蜜拉生长发育良好，而低温阴雨或干旱、强风尤其是台风天气，对其生长发育十分不利。

尖蜜拉生长过程需要充足的水分，在年降水量在1 000～3 500毫米地区都有生长，但以年降水量在1 800～2 500毫米且分布均匀者为好，相对湿度在60%～80%。水是植物进行光合作用的基本条件，还有维持土壤对肥料元素的吸收功能。在枝梢生长期和果实发育期都需要充足的土壤水分，果实发育期缺水则果小、单果重下降。种植经验也表明，在果实发育期如遇干旱天气，灌水能提高产量和品质，但在开花期如果连续降雨且伴随低温、空气湿度大，则会导致掉花落果。因而在建设高产种植园时应注意设置排灌系统，做到遇旱能灌、遇涝能排，保证尖蜜拉的正常生长发育。

充足的光照能提高光合作用，增加碳水化合物的积累，促进根系和枝梢健壮生长、叶大浓绿，开花结果多，产量高，品质佳且外观美。光照是尖蜜拉高产优质的条件之一，但幼苗期忌强烈阳光，需适当遮阴。如长期在过度荫蔽的环境中生长，由于光照不足，会导致植株直立、分枝少、树冠小、结果少、病虫害多。适当的光照对植株生长及开花结果更有利。因此，在栽植时种植密度要适宜，应留有适当的空间，以利于植株对光照的吸收。生产上常通过适当修剪来控制光照。

此外，上述各项气象因子中的温度和风，在尖蜜拉生长中也起重要作用。宜选择年均温22℃以上，无霜的地区种植。原产地，尖蜜拉在温度低于10℃时，停止生长，5℃时便会受到寒害，嫩梢干枯，老叶变黄，落叶。在海南兴隆，有些年份会遭寒流的侵袭或霜冻，根据调查，在同质环境下，其耐寒力比菠萝蜜弱；广西引种的尖蜜拉曾在当地温度较低时受寒害而干枯。一般情况下，尖蜜拉在年平均气温≥22℃、最冷月平均气温≥13℃、终年无霜的地区能正常开花结果。

根据国内研究学者对海南三亚、琼海等地尖蜜拉品种榴莲蜜的生长试验也表明，温度与榴莲蜜生长呈极显著相关，证明气温是影响榴莲蜜生长的重要因素。其中，月均气温20℃以下榴莲蜜生长缓慢，21～28℃生长较快，29～30℃生长量达到极值。此外，三亚地区榴莲蜜树干生长极显著地大于琼海地区，说明榴莲蜜属典型的热带果树，特别适宜在高气温地区种植。

与菠萝蜜相比，尖蜜拉的抗风能力较差，茎枝易风折，大风甚至台风，会使尖蜜拉叶片大量掉落，在风力9级以上时发现风折枝干，导致枝条扭伤，严重影响当年和第二年产量。根据研究学者对2013年11月超强台风"海燕"对榴莲蜜的危害调研，三亚地区4年生植株在栅架保护下，主干在1米以下断干树为22%，2年生植株断倒率达到83%；万宁市2年生植株断倒率达到29%。2014年9月"海鸥"台风对琼海地区榴莲蜜果园危害也较大。因此，常风大和台风多的地区规模化种植时，还须考虑营造防风林带。

据调查，兴隆农场一些华侨人家在房前屋后的种植尖蜜拉生长快、枝叶茂盛，植后6～7年开始结果，早的4～5年就开始结果，且个别年份一年开花结果2次，产量可达100个以上。且这些零星种植的尖蜜拉离房屋较近，肥水充足，在寒害严重的年份，生长并未受到明显影响。

第三章
尖蜜拉分类及其主要品种

第一节 分 类

在我国，由于尖蜜拉引进历史相对较短，人们常把其误认为是菠萝蜜的品种。其实从形态特征很容易区分菠萝蜜和尖蜜拉，根据尖蜜拉的嫩枝、叶密被黄褐色刚毛，且果形相对较小而区别。余其杰（1991）根据尖蜜拉成熟果实的果皮颜色将其分为黄果和绿果等栽培品种，以黄色果品种的品质较优。海南栽培的是青黄果品种，属于黄果类型，果实品质好，但果胞较多，幼果萎落较多。

笔者根据中国热带农业科学院香料饮料研究所收集保存的尖蜜拉种质资源，以果实类型和嫩枝被毛等把尖蜜拉简单分为三类。Ⅰ类，传统尖蜜拉，嫩枝、叶、花序梗、托叶都被有长3～4毫米的褐色硬毛，果实长椭圆形，长23～46厘米、横径9～16厘米，果重2～4千克，果皮黄绿色，成熟时呈黄色接近褐色，果肉甜、香味浓，果苞从10多个至50个不等，房前屋后零星栽培（图3-8）。Ⅱ类，大果尖蜜

图3-8　Ⅰ类传统尖蜜拉

拉,叶、花序梗、托叶被毛很短,果实较大,可达6～8千克,长30～60厘米、横径15～25厘米,果皮黄绿色,果肉甜、香味浓,质地和香味与传统尖蜜拉类似,果苞多,可达近百个,偶见庭院栽培(图3-9)。Ⅲ类,榴莲蜜,叶背多毛,果实长椭圆形,长25厘米、横径14厘米,重约2千克,果肉呈金黄色或黄色,果苞20个左右,有浓烈的榴莲香味,甜度高(图3-10)。目前,传统尖蜜拉类在兴隆华侨人家庭院常见,因其在东南亚很流行。而海南省有推广种植的品种类型是榴莲蜜,并出现集约化规模栽培。

图3-9 Ⅱ类大果尖蜜拉

图3-10 Ⅲ类榴莲蜜

第二节 主要品种资源

在我国,由于尖蜜拉是近年引进品种,系统的选育种工作较少。认定的品种只有1个,即多异1号尖蜜拉,2015年9月通过了海南省农作物品种审定委员会的认定。在国外,马来西亚为尖蜜拉的原产地之一,开展尖蜜拉的选育种工作也较早,选育的优良品种较多,有CH27、CH28、CH30、CH33等系列品种。如CH27品种果胞黄色；CH28果胞橙黄色、甜度高且种子小；CH 30果胞橙黄色、香味比CH28更浓；CH 33果胞橘红色、榴莲香味、果肉甜腻。下面简要介绍多异1号尖蜜拉品种和香饮所8号尖蜜拉资源。

1. 多异1号尖蜜拉　常绿乔木。叶互生，叶背多毛，无光泽，倒卵形或长椭圆形，叶片平均长21.5厘米、宽9.8厘米。果实长椭圆形，长25.68厘米、横径14.35 厘米，果皮呈黄绿色，胞刺钝并呈黄褐色。果皮厚度中等，平均0.92厘米，果皮及果轴含有少量乳白色黏胶。成熟果实平均单果重1.85千克。平均每个果实含有果苞22个，果苞易剥离，形状为倒卵形或不规则形，单果苞重33.58 克。每个果苞含有1粒种子，正常发育的种子呈球形或椭球形，褐色或红褐色，单粒种子重11.78克。果实苞肉重量占果实的36.4%，种子重量占果实的15.2%，果皮及果腱总重量占果实的48.4%。果肉呈金黄色，肉质柔软多汁，纤维含量中等，浓甜，可溶性固形物含量26.8%～29.2%。在海南琼海、万宁地区，花期主要集中在3～4月，6月以后果实开始陆续成熟，7～8月进入成熟高峰期。

2. 香饮所8号　常绿乔木。叶互生，倒卵形，长12～27厘米、宽6～10厘米，基部楔形，叶尾尖，叶面黄绿色至深绿色，叶脉长毛。果实长椭圆形，长23～46厘米、横径9～16厘米，果重2～4千克；果皮刺钝，黄绿色，成熟时呈黄色接近褐色。成熟果实几无胶液，果皮与果肉易分离，可人工剥离使果胞成串留在果心上，食用方便，果肉黄色至暗黄色，果肉甜、香味浓，果肉可溶性固形物含量25%左右，质地介于菠萝蜜的干苞和湿苞之间。种子形状多样，有圆形、长椭圆形、不规则形等，长2.5～3.3厘米，宽2.1～2.5厘米，但比菠萝蜜种子圆。

2～3月在主枝和树干上抽生的枝条上开始现花，9～10月果实成熟，果实发育期160～180天。有些年份偶见两造果，7～8月第二次开花，12月至翌年1月果实成熟。

第四章
尖蜜拉种苗繁育技术

尖蜜拉常用的繁殖方法有有性繁殖与无性繁殖。

有性繁殖又称播种繁殖。播种简单易行，民间多采用此法繁殖苗木。海南兴隆当地华侨从国外引种一般采取携带种子回国，后进行种子播种繁育，但其所生产的苗木遗传因素复杂，变异性大，植后难以保证长成的植株能够留存其母本的优良性状，故此法商业种植一般不采纳。

无性繁殖就是利用优良母树的枝或芽来繁殖苗木。用此法繁殖的苗木遗传因素单一，能保持母树的优良性状（如高产、优质、抗性强等性状）。无性繁殖包括嫁接、空中压条、扦插与组织培养等方法，目前大规模商业生产主要用嫁接方法繁殖良种苗木。

第一节　播种育苗

播种育苗是尖蜜拉育苗中最基础的繁殖方法。无论是培育实生苗木或嫁接砧木，都要通过播种育苗这个有性繁殖过程。播种育苗有如下步骤。

一、选种

一般宜选择发育正常的果实，从果实中再选择饱满、充实的种子。用这类种子育苗，播种后生长快，长势强。不宜选用发育不饱满、畸形的种子播种育苗。

二、育苗

尖蜜拉种子寿命短,一般能维持活力10天左右,应随采随播。种子自果实中取出后,洗干净种子外层甜的果肉,阴干后即可播种,切记不能暴晒。育苗时,种子可直接播入育苗袋中,覆土盖过种子约1.5厘米,用花洒桶淋透水,并遮盖50%遮阳网或置于树荫下,以后保持土壤湿润,播种14天左右种子陆续发芽,发芽率可达90%以上。种苗的管理与菠萝蜜基本相同,当种苗高达30~50厘米,即可出圃定植或作为砧木嫁接育苗用。

尖蜜拉播种育苗用土宜用肥沃的表土与充分腐熟的有机肥按8:2的比例配制,再加适量的椰糠混合均匀即可。

种子苗集中在50%左右的遮阳网下栽培管理。注意,遮阳网下栽培的种子苗叶片也极易受太阳灼伤,特别是在海南兴隆的旱季,正午地表可达35℃以上高温,由于种子苗根系生长还未完善,高温干旱易导致其叶片脱落,嫩梢干枯,影响种子苗生长。此时应精心管理,根圈周围增加覆盖,勤浇水保湿,干旱即要淋水。每隔45天施1次粪水肥或1%尿素,以薄施为原则。同时注意防止蛾类食叶害虫和红蜘蛛等危害嫩叶和嫩梢。

第二节　无性繁殖

无性繁殖是利用植物的营养器官(如枝、芽)繁殖种苗。尖蜜拉可采用嫁接、圈枝、根插条、分蘖苗或组培等方法繁殖,生产中规模化繁育种苗一般采用补片芽接法繁育。下面简要介绍嫁接、圈枝和组培的方法。

一、嫁接

嫁接属无性繁殖的一种。嫁接苗既可保存母本的优良性状,又可利用砧木强大的根系，有利于提高植株抗风、抗旱能力，使植株生长健壮，结果多，寿命长。目前，大规模的尖蜜拉种苗商业生产都是通过嫁接方法繁殖苗木。

1. 选接穗　接穗取自结果3年以上的高产优质母本，选1～2年生木栓化或半木栓化的健壮枝条，以枝粗0.6～1.0厘米、表皮黄褐色、芽眼饱满者为好。

2. 选砧木　以主干直立、茎粗0.8～1厘米、叶片正常、生长势壮旺、无病虫害的实生菠萝蜜苗或实生尖蜜拉苗作砧木。砧木苗最好为袋装苗。

3. 嫁接时间　以4～10月为芽接适期。此时气温较高，树液流通，接穗与砧木均易剥皮。但雨天和干热风天气不宜嫁接。

4. 嫁接操作　尖蜜拉目前多采用补片芽接法嫁接，其方法与菠萝蜜、面包果的嫁接方法基本相同。具体操作步骤如下。

（1）排胶乳　在砧木离地面10～20厘米的茎段选光滑处开芽接位，在芽接位上方横切一刀，深达木质部，让胶乳流出，用湿布擦干排出的胶乳。

（2）砧木切削　排胶线下开一个宽0.6～0.8厘米、长2.0～2.5厘米的长方形，深达木质部，再在顶端横切一刀，形成长方形接口，用刀尖挑去切口并留一小段砧木皮。

（3）削芽片　切取略小于芽接口的芽片，芽片必须完好无损，未被挤压。

（4）接合　将剥好的芽片快速放入砧木切口，下端插入留下的砧木皮内。

（5）包扎与淋水　用厚0.01毫米、宽约2厘米、韧性好的透明薄膜带自下而上一圈一圈缠紧，圈与圈之间重叠1/3左右，绑扎紧密并打结。包扎后2～3天进行淋水，采用小水慢淋，不要淋湿绑带。

（6）解绑与剪砧　芽接后20天左右，如芽片保持青绿色，接口愈合良好，可以解绑。解绑后1周左右芽片仍青绿，可在接口上方5～10厘米处剪砧，此后注意检查，随时抹除砧芽，使接穗芽健康成长。

5. 嫁接苗管理　芽接苗集中在50%左右的遮阳网下栽培管理，注意保湿，干旱即要淋水。每隔45天施1次粪水肥或1%尿素，以薄施为原则。同时注意防止蛾类食叶害虫和红蜘蛛等危害嫩叶和嫩梢。

2011年笔者开展的芽接繁育试验结果表明，以本地菠萝蜜种子苗为砧木，芽接尖蜜拉（香饮所8号）优良种苗是可行的，且亲和力较好，整齐度高（图3-11）。同时芽接苗利用本地菠萝蜜品种做砧木既可增强果树的抗性、适应性及调节树势，又能更好保持母本的优良特性，且芽接苗可提早结果。海南果树苗圃销售的榴莲蜜种苗也几乎都是以菠萝蜜为砧木嫁接繁殖的。

图3-11　香饮所8号尖蜜拉芽接苗

二、圈枝

采用圈枝方法进行尖蜜拉的无性繁殖，优点是植株矮化、方便管理，可提早结果，一般2～3年即可结果，保持了母株的优良特性；缺点是无主根，树体抗风力稍弱。

具体操作方法如下。在海南以3～5月为佳。选直径2～3厘米粗的半木栓化枝条，在离枝端约50厘米处，环状剥皮长2～3厘米，然后用刀背在剥口轻刮，刮净剥口残留的形成层。在海南，常用的包扎基质为椰糠或干牛粪，湿度以手捏刚出水滴为度。

最后用塑料带以环剥口为中心包扎绑实。1～2个月后，枝条生根，从根系下端截下假植。假植以肥沃疏松的土壤为佳，并遮盖50%～75%遮阳网。

三、组织培养

近年国内外少见尖蜜拉组织培养相关研究报道。组织培养法适用于规模化、产业化培育种苗，但木本植物的组织培养相对较难。由于木本植物外植体在起始培养基上易产生褐变，组培苗生根率低，根系弱，出苗率低，因而未能在生产中得以应用和推广。

2007年，中国热带农业科学院香料饮料研究所在尖蜜拉组培研究方面获得突破，根据张翠玲等研究表明，以尖蜜拉老茎干上的不定芽作外植体进行组织培养可获得完整植株，为规模化培育种苗打下了良好的基础。

采用不定芽—丛生芽—完整植株的繁殖途径进行繁殖。首先发现在培养基中加入维生素C，减少了外植体在起始培养基上的褐变率。起始培养前2周不褐变，腋芽就可萌动。尖蜜拉不定芽外植体在温度（26±2）℃、光照强度1 500～2 000勒克斯、每天光照时间12小时条件下，茎萌发最适培养基为MS+6-苄基腺嘌呤2.0毫克／升+萘乙酸0.1毫克／升+维生素C 0.5克／升；茎增殖最适培养基为MS＋6-苄基腺嘌呤3.0毫克／升+萘乙酸0.5毫克／升；茎生根最适培养基为1/2 MS+吲哚丁酸0.5毫克／升+萘乙酸3.0毫克／升+活性炭0.5克／升；生根时温度可适当上升为（28±2）℃，光照强度2 000勒克斯，每天光照时间12小时。

生根苗培养约40天后，可将瓶苗移入无直射阳光的地方炼苗约7天；打开瓶盖，继续炼苗2天；将经过炼苗后的试管苗取出，用自来水洗净根部附着的培养基，置于阴凉处，晾干叶片上的水珠后，即可移栽到事先准备好的沙床上。当温度保持在

27 ～ 30℃、湿度在80％～ 90％条件下，根系完整、枝干健壮的组培苗移栽后，成活率可达85％以上，小苗生长健壮。待小苗10 ～ 15厘米高时，炼苗后可移至田间种植。

第三节　出　圉

一、出圉苗标准

1. 实生苗标准　种源来自经确认的品种纯正、优质高产的母本园或母株；出圉时营养袋完好，营养土完整不松散，土团直径＞12厘米、高＞20厘米；植株主干直立，生长健壮，叶片浓绿、正常，根系发达，无机械损伤；种苗高度≥50厘米；主干粗度≥0.6厘米；苗龄6 ～ 9个月。

2. 嫁接苗标准　种源来自经确认的品种纯正、优质高产的母本园或母株，品种纯度≥98％；出圉时营养袋完好，营养土完整不松散，土团直径＞12厘米、高＞20厘米；植株主干直立，生长健壮，叶片浓绿、正常，根系发达，无机械损伤；接口愈合程度良好；种苗高度≥30厘米；砧段粗度≥1.0厘米、主干粗度≥0.3厘米；苗龄6 ～ 9个月（图3-12）。

图3-12　尖蜜拉出圉苗

笔者种苗繁育试验表明，以菠萝蜜为砧木繁育的尖蜜拉种苗平均高度为55.08 厘米，茎干平均粗度为0.65厘米，均可满足菠萝蜜一级种苗（高度≥50厘米）和茎干粗度（茎干粗度≥0.5厘米）的标准。

第五章

尖蜜拉种植技术

在原产地马来西亚、印度尼西亚等地，尖蜜拉主要作为庭院种植的水果，被划入小宗水果类型，常植于房前屋后、村庄边缘和公路两边等，集中连片种植较少见。当定植成活后，后期的人力劳动成本投入较少，并不需要精耕细作，种植管理粗放。

尖蜜拉是多年生的热带水果兼木本粮食作物，独具特色，经济寿命长，必须科学选择园地，达到标准化种植，才能促进产业发展。因而建园前必须重视果园的选地规划与种植管理，具体包括果园的选地、开垦、定植、施肥管理、土壤管理、树体管理和水分管理等，这关系到尖蜜拉的早结、丰产和稳产。

第一节　果园建立

一、果园选地

尖蜜拉是典型的特色热带作物，对气候条件的要求相对严格，生长发育地区仅限于热带、南亚热带地区。根据当前的引种试种情况，气候环境要求高温多雨，宜选择年均温24℃以上的区域种植，在我国海南琼海市以南地区均可。对榴莲蜜的试种研究也表明，与菠萝蜜相比，榴莲蜜耐寒能力较差，适宜的年均温为24 ~ 25.4℃。三亚是海南气温最高的地区之一，年平均气温为25.4℃，雨水较充沛，是榴莲蜜的适宜种植区；琼海地区温度虽稍低，但也可种植。

尖蜜拉对土壤条件要求不甚严格，从原产地生长来看，许多丘陵地区的红壤地、黄土地、河沟边或沙壤土地种植较适宜，但仍以选择坡度在25°以下，土层深厚、结构良好，土壤肥沃、疏松，易于排水，pH5～7.5，地下水位在1米以下，靠近水源且排水良好的地方建园。干旱地区应选择具有良好灌溉条件的地方。

尖蜜拉抗风能力很差，且海南省长年受台风的影响，有些地方常受大风影响，建园时应选择避风的区域或静风的地块，以减轻大风的危害。

二、园地规划

集中连片种植尖蜜拉时，必须根据地块大小、地形、地势、坡度及机械化程度等进行园地规划，包括小区、水肥池、防护林、道路系统和排灌系统等的规划与设计。

1. 小区　一般地，按同一小区的坡向、土质和肥力相对一致的原则，将全园划分若干小区，每个小区面积以1.33～2公顷为好。

2. 水肥池　尖蜜拉果园每个小区应设立水肥池，容积为10～15米^3／个。视管理面积可适当增减容积大小。一般靠近园内运输路旁，接通水、肥管道，以便向池内运送水肥。

3. 防护林　尖蜜拉的枝条较软，抗风能力较差。2013年11月超强台风"海燕"、2014年9月"海鸥"台风以及2016年10月"莎莉亚"台风等对海南琼海、万宁、三亚等地区的榴莲尖蜜拉种植园都造成了较大的危害，断倒率平均都达到20%～40%。因此，尖蜜拉果园周边应营造防护林。防护林所用树种应选择速生抗风树种，林带距边行植株6米以上。主林带方向与主风向垂直，植树8～10行；副林带与主林带垂直，植树3～5行。宜选择适合当地生长的高、中、矮树种混种，如木麻黄、台湾相思、母生、琼崖海棠、菜豆树、竹柏和油茶等树种，且与尖蜜拉不存在相同的主要病虫害。

4. 道路系统　园区内应设置道路系统，道路系统由主干道、支干道和小道等互相连通组成。主干道贯穿全园，与外部道路相通，宽7～8米；支干道宽3～4米；小道宽2米。

5. 排灌系统　排灌系统的设置要有利于保护种植园的自然生态环境，确保尖蜜拉高效生产的顺利进行。一般根据园地的规模、地形、地势等状况来设置排灌系统，要求做到旱能灌、涝能排，可充分利用附近河沟、坑塘、水库等排灌配套工程，配置灌溉或淋水的蓄水池等。

（1）排水系统　缓坡地、平地的排水系统由环园大沟、园内纵沟和小沟组成。大沟宽80厘米、深60厘米，离防护林3米，主要用于排除园内积水，阻隔防护林树根；在主干道两侧设园内纵沟，沟宽60厘米、深40厘米；支干道两侧设横排水沟，沟宽40厘米、深30厘米。环园大沟、园内纵沟和横排水沟互相连通。

（2）灌溉系统　除了利用天然的沟灌水外，同时视具体情况铺设管道灌溉系统，顺园地的行间埋管，按株距开灌水口。

三、园地开垦

园地深耕全垦一般在定植前3～4个月进行，以让土壤充分熟化，提高肥力。开垦时，首先划出防护林带，保留不砍，接着砍掉不需要保留的树木和灌木，并进行清理。土壤深耕后，随即平整。园地水土保持工程的修筑依据地形和坡度的不同而进行。坡度5°以下的缓坡地不必修筑专门的水土保持工程，但应等高种植，并尽量隔几行果树修筑一土埂以防止水土流失；坡度在5°～20°的坡地应等高开垦，修筑宽2～3米的水平梯田或环山行，向内稍倾斜，每隔1～2个穴留一个土埂，埂高30厘米。

四、植穴准备

植穴准备在定植前1 ~ 2个月完成，植穴以穴长80厘米、宽80厘米、深70 ~ 80厘米为宜。挖穴时，表土、底土要分开放置，并捡净树根、石头等杂物，经充分日晒20 ~ 30天后回土。

根据土壤肥沃或贫瘠情况施穴肥。一般每穴施充分腐熟的有机肥20 ~ 30千克、复合肥0.5 ~ 1千克、钙镁磷肥1千克作基肥。回土时先将表土回至穴的1/3，中层回入充分混匀的表土与基肥，上层再盖余土。并做成比地面高约20厘米的土堆，呈馒头状为好。植穴完成后，在植穴中心插标，待3 ~ 4周土壤下沉后，即可定植。

五、定植

1. 定植密度　尖蜜拉栽植的株行距依品种、成龄树的树冠大小、植地的气候与土壤条件以及管理水平等而不同。一般采用株距5 ~ 6米、行距6 ~ 7米，每公顷推荐种植300 ~ 330株。平地和土壤肥力较好的园地宜疏植，坡度较大的园地可适当缩小株间距。

2. 定植时期　在海南，尖蜜拉春、夏、秋季均可定植，以3 ~ 5月或8 ~ 10月定植为宜。定植应选在晴天下午或阴天进行。一般雨季初期定植最佳，在3 ~ 5月光照温和及多雨季节进行，有利于幼苗恢复生长，种植成活率高。8 ~ 10月是海南的雨季和台风经常登陆时期，此时也适合定植。在春旱或秋旱季节，如灌溉条件差的地区，不宜定植。在秋冬季低温季节，定植后伤口不易愈合，且不易萌发新根，影响成活率，这些地区应在10月中下旬之前完成定植工作，有利于在低温干旱季节到来之前面包果幼苗已恢复生机，第二年便可迅速生长。

3. 定植方法　起苗和种植的过程尽量避免损伤根系，要保护袋苗土团不松散，适当剪除部分枝叶，以减少种苗水分的蒸发。定植时在已回填的定植穴中间挖一个能容纳苗木土团的小穴，将种苗放入定植穴中，解去种苗营养袋，保持土团完整，使根颈部与地面平，扶正，填上细土，压实。总之，填土要均匀，根际周围要紧实。定植后做一个直径80～100厘米的树盘，覆盖干杂草等保湿，淋足定根水，再盖一层细土。风速较大或苗木较高的必须设立支柱固定，以避免因风吹苗木摇动而伤根。

4. 植后管理　苗木定植后，如遇干旱天气，每日淋水1～2次，并采集椰子树叶或芒萁插其周边适当遮阴，保持树盘土壤湿润，直至新梢抽发转绿老熟则为成活。雨天应开沟排除园地积水，以防烂根。及时检查，补植死缺株，保持果园苗木整齐。栽植成活的植株可薄施水肥，促进新梢正常生长。

5. 间作　尖蜜拉生长发育期较长，一般4年开始开花结果，5～6年进入盛产期，果园提倡间种其他短期作物。通过对间种作物的施肥、管理，不仅有利于提高土壤肥力和土地、光能利用率，增加初期收益，而且有利于促进尖蜜拉的生长。间种作物可选择蔬菜、菠萝、香蕉、番木瓜和花生等经济作物。

第二节　树体管理与施肥

一、幼龄树管理

幼龄尖蜜拉树是指从定植到开始结果的尖蜜拉树。这段时间的生长特点是，枝梢萌发旺盛，树冠小，根系分布浅，抗逆能力弱。管理主要任务是扩大根系生长范围，加速植株树冠向外生长，抽生健壮、分布均匀的枝梢和形成负载力强的丰产树冠。

1. 水分管理　尖蜜拉不同的生长发育期对水分的要求不同，其相对于菠萝蜜更加不耐旱，在幼龄阶段应予覆盖或适当遮阴，以保持园地土壤湿润和减少水分蒸发。各种干杂草、干树叶、椰糠或间种的绿肥等都可以作覆盖材料，覆盖时间一般从雨季末期开始，离主干15 ~ 20 厘米覆盖，厚度以5 ~ 10厘米为宜（图3-13）。

图3-13 尖蜜拉幼龄树间种绿肥

2. **施肥管理** 幼龄树施肥，以促进枝梢生长、迅速形成树冠为目的。一般秋冬季施用有机肥，每次抽新梢前施速效肥促梢壮梢。施肥量应根据尖蜜拉的不同生长发育时期而定，随着树龄的增大，逐年增加施肥量，以满足其生长需要。

根据幼龄尖蜜拉的生长发育特点，应贯彻勤施、薄施、生长旺季多施肥、不伤根为主要原则。苗木定植后1个月左右，即新梢抽出时应及时施肥。一般半个月施1次水肥，水肥由人畜粪、尿、饼肥和绿叶沤制腐熟后施用，离幼树主干基部20 厘米处淋施。一般定植1年后要做到"一梢一肥"，隔月1次。

1年生幼树每次可株施尿素50克或三元素复合肥100克；随着树龄增长，用量可逐年增加，定植后第二、第三年，随着树体增大，施肥量较定植后第一年相应增加，施肥次数减少，每年每株肥料用量增加20%～30%，施肥后盖土，干旱时要及时灌水。

3. 中耕除草　除草工作在定植后进行，保持树盘无杂草，果园清洁。幼龄树的树盘外可间种花生、假花生等绿肥及低矮的牧草等作物。若没有间种作物，在夏秋季可留浅根性杂草，冬季结合清园全面清除杂草压青，并结合松土，以提高土壤的保水保肥能力和通气性。

4. 扩穴改土　植后3年内，除梢期施肥外，每年秋末冬初可进行深翻扩穴压青施肥，以改良土壤。在紧靠原植穴四周、树冠滴水线外围对称挖两条施肥沟，规格为长80～100厘米、宽30～40厘米、深30～40厘米，填埋的材料有杂草、绿肥和枯枝落叶等，施有机肥20～30千克并覆土，以提高土壤肥力，促进尖蜜拉根系生长。下一次在另外对称两侧，逐年向外扩穴改土。

5. 修枝与整形　通过修剪枝条可调节植株与环境的互动，调整光照、水分、病虫等关系因素，以及树体各部分的平衡关系，使养分相对集中，促进主干主枝壮大。

对幼龄树进行修剪的目的在于形成合理的树冠结构。适度的修剪，是培养主枝和分枝的关键，修剪也是为了构成树冠的骨架。一般让尖蜜拉直生状生长到1米左右高时分枝，使分枝着生角度适合，分布均匀。在主干上留3～4条分布均匀、生长基本一致的枝条培养成一级分枝，当一级分枝长度约1米时，再行摘心去顶，以培养二级分枝，选留2～3条健壮、分布均匀、斜向上生长的枝条用来培养二级分枝，剪除多余的枝条。如此再进行2～3次，形成开张的半圆球形树冠。

对尖蜜拉进行修剪应以每年开春季节的2～3月开始为宜，轻剪为主，形成层次分明、疏密适中为好；树形不宜太高，以高度4～6米为好。以交叉枝、过密枝、弱枝、病虫枝等为主要修枝对象。修剪时首先针对枝叶茂密、妨碍阳光照射的果树树杈。修剪一般选择晴朗良好天气进行，修剪口稍倾斜30°左右，修剪后较大的伤口要涂上油漆或其他保护剂。修剪方法、时间及伤口保护不恰当也会影响树体健康，真菌和病原体会从伤口进入树体，导致树体衰退。

二、成龄树管理

1.水分管理 尖蜜拉生长要求充足的水分，特别是花期及果实发育期如果遇到久旱，则小果脱落或发育停滞，果小、畸形，苞小、肉薄，品质差。因此，花期及果期若过于干旱，应设法灌溉。适量灌水，灌水量以淋湿根系主要分布层10～50厘米为限，灌溉一般在上午、傍晚或夜间土温不高时进行。但雨季易涝，积水时间较长会影响尖蜜拉的生长，也应做好排水，防止积水烂根。

2.施肥管理 尖蜜拉植株生长发育过程需肥量较大，需要氮、磷、钾等各种营养元素的合理供应。不同的树龄、品种、长势及土壤肥力的不同，施肥量、种类也有差异。施肥水平高，年度间丰产稳产；施肥不合理，营养生长与生殖生长失衡，有的树势生长过旺而不开花结果，或当年开花结果过多，大小年现象突出，树势过早衰退。因此，必须根据尖蜜拉不同的生长发育阶段，合理施用花前肥、壮果肥、果后肥等，以满足其生长需要，促进新梢生长、花芽分化和果实发育，并保持植株生长势（图3-14）。

根据榴莲蜜开花结果的物候期，以海南万宁的物候期为例，对结果树施用氮、磷、钾肥，并与有机肥搭配施用，每个结果周期施肥3～4次，一般围绕促花、壮果和养树等几个重要环节进行。具体施用时间与用量如下。

（1）花前肥 在海南琼海、万宁地区，榴莲蜜花期主要集中在3～4月，在抽花序前施速效肥，以促进新梢生长与促花壮花，提高坐果率。一般在1月中下旬至2月施用，每株施尿素0.5千克、氯化钾0.5千克或氮磷钾（15∶15∶15）复合肥1～1.5千克。

图3-14　尖蜜拉规模化种植园

（2）**壮果肥**　在尖蜜拉果实迅速增长的时期需要施壮果肥。一般在抽花序（图3-15）后1～2月内施用，以及时补充开花时树体的营养消耗，保证果实生长发育所需的养分，促进果实增大，提高产量。一般5～6月为海南万宁地区尖蜜拉果实迅速膨大的时期，此时如遇干旱，必须结合灌溉施肥，以保花保果，提高产量。花量大的应早施，花量少的宜迟施。此阶段，株施尿素0.5千克、氯化钾1～1.5千克、钙镁磷肥0.5千克、饼肥2～3千克。

图3-15　尖蜜拉抽花序

（3）果后肥　尖蜜拉一般在8～9月果实大量成熟，经过后期果实膨大，采收后树体营养消耗已空，如果采收后不及时施足基肥，树体储存营养严重亏缺，不但冬、春抗逆性不强，而且对翌年开花、坐果、幼果形成产生严重影响，造成花序不壮，坐果率低，幼果个头小，新梢细弱叶片小，延长营养转换期。施好果后肥是尖蜜拉保持稳产的一项重要技术。在尖蜜拉果实采收后，要及时重施有机肥和施少量化肥。此时施肥可改善根系生长环境，提高树体抗逆性能。深翻土壤，能够优化土壤结构，改善土壤通透条件，利于根系呼吸生长，提高土壤蓄水保肥、防寒越冬能力。果农们常形象地把果后基肥称作"月子肥"，就像女人怀胎十月，一朝分娩，心力俱疲，营养枯竭，必须及时大量补充营养，才能保证母子健康。一般在9月下旬至11月初施用，每株施有机肥20～25千克、饼肥2～3千克（与有机肥混堆）、氮磷钾（15：15：15）复合肥1～1.5千克。

3. 施肥方法　成龄尖蜜拉结果树的施肥方法应根据树龄、肥料种类、土壤类型等来决定。在不同的生长发育时期，对营养元素的需求也不同，不同时期施用肥料及其施肥方法也不一样。适宜的施肥方法可以减少肥害，提高肥料利用率。在生产中，施肥方法有环沟施或穴施等。施肥时，在株间或行间的树冠滴水线外围挖条形沟施下，施肥沟的深浅依肥料种类、施用量而异。

有机干肥施用宜开深沟施，规格为长80～100厘米、宽30～40厘米、深30～40厘米，沟内压入绿肥，施入有机干肥，并与土壤充分混合均匀后，回土覆盖。水肥和化学肥料宜开浅沟施，沟长80～100厘米、宽10～15厘米、深10～15厘米。水肥施用后，稍等肥水干后方可回土填平。旱季施化肥要结合灌水，有机肥施用应结合深翻扩穴深施，每次施肥位置与上次施肥位置错开。

在生产中，有些条件好的园区也采用灌溉式的施肥方法，就是将沤好的水肥经过滤后通过浇水的管道进行灌溉施肥。此种方法供肥及时，不断根伤根，节省劳动力，肥料利用率相对较高，成本较低，但常存在出口小、易发生堵塞的情况。

4. 中耕除草　如果土壤通气性好，有机质丰富，则根系生长迅速，营养吸收效果好。除草一般结合施肥进行，并松土深约10厘米，避免伤根多，提高土壤的通气性和保水性，防止土壤板结，促进新根的生长，保持树体长势良好，树盘无杂草，果园清洁。

5. 修剪　修剪以轻剪为主，剪去弱枝、密生枝、下垂枝、荫蔽枝、病虫枝和枯枝等。修剪过重会影响翌年产量，因为果树修剪后在接下来的季节会营养生长过旺。有个典型例子为，2015年10月台风登陆海南，由于台风登陆的不确定性，为保树，修剪树体地上部分达到50%以上，因而当年树体受台风影响较小，但翌年开花结果物候期推迟，且产量减少，有些植株甚至不开花结果。此外，修剪不对也会影响到树体健康，真菌和病原体会从伤口进入树体，导致树体衰退。因而在生产中，修剪应受到重视。

结果树修剪主要在结果期间和采果后进行。结果期间的修剪主要是剪除主干、一级分枝和二级分枝上新抽的新枝、荫蔽枝和病虫枝。树冠枝叶修剪量应根据植株长势而定，树冠株间的交接枝条也应剪去。通过修剪，使枝叶分布均匀、通风透光。由于尖蜜拉的抗风能力较差，因此要通过修枝整形控制树的高度（结果树的高度一般控制在3～4米），培养矮化树形。通过修枝整形减少树体的受风面积，可提高尖蜜拉的抗风能力，减少台风危害。特别注意，在每年台风来临前要加重树体修剪量，尽量减少台风受损面。

6. 促花　生产过程中有许多因素会引起尖蜜拉树不开花。可能是栽培方法不得当的原因，或是气候因素和生长环境所引起，或是内在遗传原因，或是营养生长过旺不利于开花结果，或是芽接苗的接穗取自幼龄期尖蜜拉母树等，这都会使得非生产期延长。

在生产中，可参照菠萝蜜促花的方法来解决尖蜜拉不结果的问题。

生产中常用砍刀砍伤树干皮层至流出乳汁，调整营养生长和生殖生长的关系，目的是切断光合产物向下输送到根系，抑制根系生长，并使这些光合产物积累在枝条上，促进花芽分化。其作用与环割相似。切记不能砍得太深，而以刚到木质部为好。实施砍伤时还须注意刀具的清洁，处理部位应距地面50～150厘米或更高些；在树干、主枝上每隔30厘米左右用刀作鳞状砍伤皮层，砍伤的方向由下而上，不按顺序砍，以砍伤皮层不伤木质部为度，流出的乳汁不必擦去。该种方法一定程度上能缩短非生产期，降低生产成本，提高经济效益。

7.疏果 疏果是特别的修剪，若结果过多，要在坐果后适当疏果，以协调枝梢生长，促进果实增大，提高品质，达到丰产稳产。尖蜜拉开花结果期间要及时疏果，一般选留着生在主干、一级分枝或二级分枝等主要枝干上的果，以果形端正、无病虫害、无机械损伤、生长正常的果为好。根据林盛等研究表明，榴莲尖蜜拉初产期一般每株留果35～45个，以后随树龄增加每株留果量逐渐增加。

第六章
尖蜜拉主要病虫害防治

尖蜜拉是近年引进作物，种植面积有限，病虫害发生相对较少，国内尖蜜拉病虫害的研究起步较晚。如何有效地防治果树病虫害，是尖蜜拉丰产稳产不可缺少的重要环节。

任新军（1999）对云南西双版纳的尖蜜拉引种试种发现，在不进行病虫防治的情况下，多数植株的主干或主枝受到一种鞘翅目吉丁虫科幼虫的侵害，明显较其他树种严重。防治方法是在有木屑或有棕红色黏稠液体流出的位置剥开部分虫洞，用棉球蘸敌敌畏原液堵塞排粪孔，外涂泥浆。虫害严重的枝条可砍掉烧毁。

林盛等（2015）对海南榴莲蜜的引种试种和调查研究表明，榴莲蜜的病虫害发生较少，主要有藻斑病、龟背天牛和夜蛾科害虫等，鼠害也常发现。特别是榴莲蜜藻斑病，由寄生性藻类引起，主要侵害榴莲蜜叶片，叶背偶尔发生。发病初期，在叶片表面产生淡黄色小斑点，随后病斑逐渐向四周蔓延，形成近似圆形或由几个病斑重叠成不规则形毛毡状土黄色病斑。病斑稍隆起，边缘呈灰褐色不整齐细纹。该病影响叶片光合作用，严重时使树势整体生长衰弱。其建议的化学防治方法为选择30%氧氯化铜可湿性粉剂400～600倍液喷雾；1%等量式波尔多液喷雾；200克/升草胺膦水剂100倍液涂抹树干。

近年笔者等对海南文昌、万宁、琼海、琼中等市（县）引种种植的尖蜜拉进行病虫害调查，目前危害尖蜜拉的主要病害有炭疽病、叶斑病等，害虫主要有天牛和黄翅绢野螟等。此外在兴隆热带植物园内，松鼠对尖蜜拉果实的危害也较大。尖蜜拉主要病虫害防治可参照菠萝蜜对应的方法来进行，防控要坚持"预防为主，综合防治"的原则，优先采用农业、物理和生物防治措施，并结合科学合理使用化学农药，以达到经济、安全、有效的目的。

第一节　主要病虫害及防治

一、尖蜜拉炭疽病

（一）危害症状

该病对尖蜜拉幼树危害最为严重。苗期叶斑多发生于叶尖、叶缘。病斑近圆形或不规则形，直径0.5～1厘米不等，呈褐色至暗褐色坏死，周围有明显黄晕圈，潮湿情况下病部常见粉红色孢子堆。发病中后期，病斑上生棕褐色小斑点，有时病斑中央组织易破裂穿孔。导致叶片光合作用减弱，植株营养不良，长势弱或甚至干枯。

（二）病原菌

尖蜜拉炭疽病的病原菌为胶孢炭疽菌 *Colletotrichum*（参见本书菠萝蜜部分图1-37）。分生孢子盘周缘生暗褐色刚毛，具2～4个隔膜，大小（74～128）微米×（3～5）微米。分生孢子梗短圆柱形，无色，单胞，大小（11～16）微米×（3～4）微米。分生孢子长椭圆形，无色，单胞，（14～25）微米×（3～5）微米。

（三）发生规律

该病全年均可发生，以4～5月较严重。尖蜜拉开花后，病菌可潜伏侵染幼果，从而存活于果实内，于果熟期扩展引起果腐，危害较重。在海南岛，尖蜜拉叶片、果实均有此病发生，分布广泛，发病率很高。

（四）防治方法

1.农业防治　加强栽培管理，增施有机肥、钾肥，及时排灌，增强树势，提高植株抗病力。搞好田园卫生，及时清除病枝、病叶、病果集中烧毁，冬季清园。

2.化学防治　在新梢期、幼果期和果实膨大期，选用75%百菌清800倍液，或40%多菌灵500倍液，或40%福美双·福美锌可湿性粉剂500倍液，或50%多·锰锌可湿性粉剂500倍液，每隔7天喷施1次，连续喷施2～3次。

二、榕八星天牛

（一）分类地位及形态特征

参见菠萝蜜部分。

（二）危害特征

幼虫蛀害尖蜜拉树干、枝条，使其干枯，严重时可使植株死亡；成虫危害叶及嫩枝。成虫夜间活动食尖蜜拉叶、树皮及嫩枝等，通常幼虫多栖居于最上面一个排粪孔之上的孔道中，虫洞中常流出锈褐色汁液。

（三）防治方法

1.农业防治　加强栽培管理，增强树势，提高树体抗虫能力。将生石灰与水按1∶5的比例配制石灰水，对树体进行树干涂白，涂白范围是树干基部向上1米以内。

2.物理防治　每年6～8月成虫产卵高峰期经常巡视树干，及时捕杀成虫；发现树干有少量虫粪排出时，应及时清除受害枝干，或用铁丝在新排粪孔进行钩杀。

3.生物防治　在成虫发生期，成虫喜欢在树干上爬行，在树干上绑缚白僵菌粉，可使成虫感染致死。

4.化学防治　低龄幼虫在韧皮下危害而尚未进入木质部时，选用5%高效氯氰菊酯乳油或10%吡虫啉可湿性粉剂100～300倍液喷涂树干；在主干发现新排粪孔时，每个排粪孔用注射器注入20%氨水10～20毫升。

三、黄翅绢野螟

（一）分类地位及形态特征

参见菠萝蜜部分。

（二）危害特征

每年5～10月发生盛期，雌成虫产卵于嫩梢及花芽上，幼虫孵出后蛀入尖蜜拉嫩梢、花芽及正在发育的果中，致使嫩梢萎蔫下落、幼果干枯、果实腐烂（图3-16）。

图3-16　黄翅绢野螟危害尖蜜拉

（三）防治方法

1. 物理防治　害虫零星发生时，直接捕杀嫩梢、嫩芽中幼虫。蛀果幼虫应拨开虫粪，用铁丝沿孔道刺杀。进行果实套袋，摘除被害嫩梢。

2. 化学防治　害虫严重发生时，及时摘除被害嫩梢、花芽及果实，集中倒进土坑，喷淋50%杀螟松乳油800～1 000倍液后回土深埋。选用50%杀螟松乳油1 000 ～ 1 500倍液，或40%毒死蜱乳油1 500倍液，或2.5%溴氰菊酯乳油3 000倍液进行全园喷药，每隔7 ～ 10天喷施1次，连续喷施2 ～ 3次。

第二节　综合防治

尖蜜拉在我国的推广种植处于初期阶段，随着生长季节、栽培环境、种植品种、气候条件等因素的变化，病虫害种类及危害程度也会随之发生变化，因此有必要对尖蜜拉病虫害采取综合防治措施。

1.坚持"预防为主，综合防治"的植保方针，及时预防，避免病虫害发生流行。

2.引进种质资源时要严格执行检疫审批制度，避免检疫性病虫害的传播和蔓延。

3.长期系统地开展田间调查、监测和预报工作，及时掌握病虫害发生动态和发生规律，为病虫害防治提供技术指导。

4.加强田间管理，合理施肥，增加植株自身抗性，创造不利于病虫害发生的环境条件。

第七章
尖蜜拉收获和加工

第一节 收 获

一、采收标准

一般来说，尖蜜拉与同属果树菠萝蜜一样，从开花到果实成熟需要4～5个月。在海南万宁，8～10月为尖蜜拉果实发育成熟期。

尖蜜拉果实一般供鲜食，故必须待果实充分成熟，已显现出该品种固有的色泽或香味方可采收。提早采收则风味不足，品质不佳。尖蜜拉果实有后熟性，达到生理成熟的果实常常在采收后2～5天变软，则口感品质达到最佳水平。尖蜜拉开花有先后，果实采收期可达1～2个月，最好采收前做好准备工作，根据市场远近、运输条件、天气情况等来确定具体采摘时间，避免因天气炎热或路途耽误导致损失。零售常见随采随运，就近销售，或经网店销售。

果实采摘、成熟度关系到果实的储运、风味和销售等环节。作为食用果肉为目的的成熟果实，其采收有下列几项成熟标准：果皮表面有近四角形的瘤状突起变平钝时；或当果实突起底部绿色或亮黄绿色，尖端红褐色或暗红色时；或手触之果皮稍软、能嗅到独特的浓烈芳香味时。此时采收品质能得到最大保证。

二、采收方法及分级

尖蜜拉树结果部位较低，果实一般生长在主要枝干上，重量较菠萝蜜轻，人工采收较为方便，直接用枝剪将果柄剪断就好。即在树干下端结的果实采收是较容易进行的。结在高位或树端的果实，可借助梯子进行采摘。

采收后集中起来的果实，大小必然混杂，良莠不齐，可对果实进行分级。将大小不均、色泽不一、感病及有损伤的果实，按照销售标准进行大小分级和品质选择，实行优质优价，更能推动尖蜜拉栽培管理技术水平的提高。

大量采收后成熟的尖蜜拉果实应尽快就地销售。运销时，把每个果实用旧报纸或其他包装物包裹；货运车顶要求加盖顶篷，尽量避免长途运输中震坏、晒坏。值得一提的是，海南万宁兴隆地区近两年常看到电商网上销售尖蜜拉，市场欢迎度较高。

第二节　加　　工

目前我国尖蜜拉种植规模小，市场上尖蜜拉主要以鲜果销售为主。在原产地的印度尼西亚和马来西亚等地，常见到尖蜜拉果酱、蜜饯、果汁、果干、果冻和罐头等加工产品销售，研究不系统且停留在小规模生产阶段。

第八章

尖蜜拉营养成分、利用价值及发展前景

第一节　营养成分及利用价值

尖蜜拉成熟果肉味浓甜，香型独特，似乎含有榴莲、菠萝蜜和橘子的混合气味，营养丰富，果肉可溶性固形物含量可达25%以上，总糖含量为38.6%（蔗糖12.4%，葡萄糖13.15%，果糖12.8%），果肉淀粉含量1.26%，矿物质占干物质总量的19.5%。鲜果可食用部分（果肉和种子）比例在30%～50%，其中种子含量在9%～15%。每100克果肉含蛋白质3.5～7.0克，脂肪0.5～2克，纤维5～6克，维生素C 3～4克，风味比菠萝蜜好。烤熟或煮熟的种子可食用，味像板栗，富含蛋白质、脂肪和碳水化合物等。不成熟的果实去硬皮可用来煮汤或煮咖喱，是味道鲜美可口的菜肴。同时，尖蜜拉的木材致密，深黄色至棕色，持久耐用，是建筑、家具的良好用材。树皮可以用来制绳，白色胶乳可用来制备黏胶。

第二节　发展前景

尖蜜拉产量高，硕果累累，味道香甜。成熟的尖蜜拉每个果重2～4千克，有利于家庭消费、携带及取食方便等优点，既可以做水果，其种子也可以开发成为一种新型的生态食品替代粮食。

随着海南省旅游业的发展及我国人民生活水平的提高，市场对新兴水果尖蜜拉的需求越来越大，很多游客甚是好奇，特别是其易于携带，品质佳，具有很好的开发潜力和市场前景。尖蜜拉由于诸多的特点，特别是其新品种榴莲尖蜜拉的引种成功及推广种植，得到社会上更广泛的了解，给人们带来新兴水果美食的享受，满足人民日益增长的物质需要。但相对于大宗果树荔枝、芒果等来说，其商品化生产还较少，只有部分在热带、南亚热带地区旅游和原产地人们知道，其他地方的人们很少知道。

发展尖蜜拉种植业可增加农民经济收入，带动农民脱贫致富，促进热带农业发展。同时还可丰富旅游市场的商品，促进旅游业发展。

特别是我国热区的一些偏远山区，农业发展相对落后，农民增收渠道不多，尖蜜拉的种植相对符合山区农民文化程度和生产技术条件等现状，发展尖蜜拉生产有望成为广大农民脱贫致富的新途径、好品种。

在我国发展尖蜜拉种植业，以下工作值得各方重视，并认真进行策划与研究。

1. 加强资源引进力度，选育适合的优良品种　目前我国尖蜜拉资源还很匮乏，处在零星引种试种阶段，种植面积规模小，为解决这个问题，开展尖蜜拉优良品种引进和选育研究工作势在必行。应加强国外优异种质资源引进，筛选适合中国热区栽培的品种，并扩大面积推广种植，满足人们对名、特、优、新、稀热带特色水果需求。此外，尖蜜拉是典型的热带木本粮食作物，对光热条件要求较高，选育时要注重抗寒品种的选育。并进一步在广东南部、云南热区和广西等地扩大试种面积，总结其种植推广的适应区。

2. 建立良种良苗繁育基地　为了确保种苗质量，提供优质种苗是当前和今后发展尖蜜拉种植业的需要。目前，优良种苗缺乏是制约其生产发展的重要因素，这方面的研究尚处于起步阶段，因此有必要建立若干个专业化的尖蜜拉苗圃基地，统一提供优质种苗，包括引进的优良新品种的种苗，这对海南尖蜜拉稳定发展将具有十分重要意义。

3. 进行丰产栽培配套技术研究与推广　目前国外包括原产地在内，尖蜜拉成片的商品生产基地还很少，处在庭院栽培阶段，栽培管理处在探索阶段、技术不配套、不同果园、同果园株间产量不稳定等现状非常普遍，必须加快生产配套技术研究工作，包括规范栽培技术、病虫害防治技术以及合理施肥技术等。做到既要提高果实产量，更要保证果实品质。

参 考 文 献

曹海燕，宋国敏，2001，木菠萝脆片的研制 [J]. 食品与发酵工业，27(3):80-81.

陈耿，2004. 海南菠萝蜜出路何在 [N]. 海南日报，12-07.

陈广全，钟声，钟青，等，2006. 木菠萝嫁接技术简介 [J]. 中国南方果树，35(2):42.

陈焕镛，1965. 海南植物志：第二卷 [M]. 北京：科学出版社.

陈清智，2005. 风味似面包的水果：面包果 [J]. 厦门科技 (4):62.

符红梅，谭乐和，2008. 面包果的应用价值及开发利用前景 [J]. 中国南方果树，37(4):43-44.

广东省海南行政公署农业局调查组，1984. 海南岛菠萝蜜栽培 [J]. 热带作物科技 (6):22-27.

胡福初，王祥和，何凡，等. 2015. 尖蜜拉新品种'多异1号'[J]. 园艺学报，42(S2):2869-2870.

黄光斗，1996. 热带作物昆虫学 [M]. 北京：中国农业出版社.

黄家南，2005. 木菠萝采果后的施肥管理 [N]. 云南科技报，08-25.

简日明，2005. 木菠萝黄翅绢野螟的防治 [J]. 中国热带农业 (1):43.

蒋善宝，王兰州，1982. 热带植物资源简介：菠萝蜜 [M]. 热带作物译丛 (3):71-74.

李秀娟，林文权，1991. 菠萝蜜饮料的研制 [J]. 食品工业科技 (6):61-72.

李秀娟，李小慧，1995. 菠萝蜜果干的加工技术 [J]. 食品工业科技 (4):53-60.

李映志，刘胜辉，2003. 国外菠萝蜜主要品种简介 [J]. 热带农业科学 (6):29-33.

李增平，张萍，等，2001. 海南岛木菠萝病害调查及病原鉴定 [J]. 热带农业科学 (5):5-10.

梁元冈，陈振光，刘荣光，等. 1998. 中国热带南亚热带果树 [M]. 北京：中国农业出版社.

林盛,李向宏,罗志文,等.2014.温度对榴莲蜜一号尖蜜拉生长的影响[J].中国南方果树,43(1):62-63.

林盛,高尤英,滕天广,等,2015.榴莲蜜栽培技术[J].中国热带农业(1):78-80.

罗永明,金启安,1997.海南岛两种热带果树害虫记述[J].热带作物学报,8(1):71-78.

潘志刚,游应天,等,1994.中国主要外来树种引种栽培[M].北京:北京科学技术出版社.

钱庭玉,1983.木菠萝天牛类害虫幼虫记述[J].热带作物学报,4(1):103-105.

任新军,1999.尖蜜拉引种试种[J].热带农业科技,22(2):23.

桑利伟,刘爱勤,谭乐和,等,2011.木菠萝果腐病中一种新病原菌的分离与鉴定[J].热带作物学报,32(9):1729-1732.

孙宁,2002.木菠萝酸奶加工工艺研究[J].食品工业科技(1):46-47.

孙燕,杨建峰,谭乐和,等,2010.菠萝蜜高产园土壤养分特征研究[J].热带作物学报,31(10):1692-1695.

谭乐和,王令霞,朱红英,1999.菠萝蜜的营养物质成分与利用价值[J].广西热作科技(2):19-20.

谭乐和,1999.海南菠萝蜜发展前景及对策[J].柑桔与亚热带果树(3):12-13.

谭乐和,郑维全,等,2000.菠萝蜜种子淀淀粉提取工艺及理化性质测定[J].海南大学学报(4):388-390.

谭乐和,郑维全,等,2001.海南省兴隆地区菠萝蜜种质资源调查与评价[J].植物遗传资源科学(1):22-25.

谭乐和,郑维全,等,2006.兴隆地区菠萝蜜种质资源评价与开发利用研究[J].热带农业科学(4):14-19.

谭乐和,刘爱勤,林民富,等,2007.菠萝蜜种植与加工技术[M].北京:中国农业出版社.

谭乐和,吴刚,刘爱勤等,2012.菠萝蜜高效生产技术[M].北京:中国农业出版社.

王万方.2003.木菠萝栽培技术[J].柑桔与亚热带果树信息(1):29-31.

吴刚,杨逢春,等,2010.尖蜜拉在海南兴隆的引种栽培初报[J].中国南方果树,39(5)60-61.

许树培,1992.海南岛果树种质资源考察研究报告[C]//华南热带作物科学研究院,中国农业科学院作物品种资源研究所.海南岛作物(植物)种质资源考察文集.北京:中国农业出版社.

阳辛凤,2005.微波膨化加工木菠萝脆片工艺[J].热带作物学报(2):19-23.

叶春海,吴钿,等,2006.菠萝蜜种质资源调查及果实性状的相关分析[J].热带作物学报(1):28-32.

叶耀雄,朱剑云,黄卫国,等,2006.木菠萝的嫁接试验[J].中国热带农业(5):14.

张翠玲,文慧婷,2007.尖蜜拉的快繁技术[J].热带作物学报,28(1):51-53.

张世云,1989.待开发的热带水果:菠萝蜜[J].云南农业科技(2):43-46.

郑汉文,吕胜由,2000.兰屿岛雅美民族植物[M].台北:地景出版社.

郑坚端,邱德勃,1991.热带果树:木波罗[J].植物杂志,18(1):6-7.

钟声,2005.树菠萝补片芽接技术[J].中国热带农业(3):44.

钟义,1983.海南岛果树资源及其地理分布[J].园艺学报,10(3):145-152.

中华人民共和国农业部,2002.NY/T 489—2002木菠萝[S].北京:中国农业出版社.

中华人民共和国农业部,2006.NY/T 949—2006木菠萝干[S].北京:中国农业出版社.

中华人民共和国农业部,2007.NY/T 1473—2007木菠萝种苗[S].北京:中国农业出版社.

中华人民共和国农业部,2014.NY/T 2515—2013植物新品种DUS测试指南木菠萝[S].北京:中国农业出版社.

中华人民共和国农业部,2017.NY/T 3008—2016木菠萝栽培技术规程[S].北京:中国农业出版社.

Bates R P, Graham H D, Matthews R F, et al, 2010. Breadfruit Chips: Preparation, Stability and Acceptability[J]. Journal of Food Science, 56(6):1608-1610.

Beyer R, 2007. Breadfruit as a candidate for processing[J]. Acta Horticulturae, 757:209-214.

Desmond Tate, 2007.Tropical Fruit[M]. Singapore, Tien Wah: 30-31.

Jones A M P, Ragone D, Tavana N G, et al, 2011. Beyond the bounty: breadfruit (*Artocarpus altilis*) for food security and novel foods in the 21st

Century[J]. Ethnobotany Research & Applications, 9:129-149.

Julia F Morton, 1987. Fruit of the warm climates[M].Winterville, N.C.:Creative Resource Systems.

Kathie M, Dalessandri MD, Kathryn Boor, 1994. World nutrition—the great breadfruit source[J]. Ecology of Food & Nutrition, 33(1-2):131-134.

Murch S J, Ragone D, Shi W L, et al. 2008. In vitro conservation and sustained production of breadfruit (*Artocarpus altilis*, Moraceae): modern technologies for a traditional tropical crop[J]. Naturwissenschaften, 95(2):99-107.

Murch, Susan J, Jones, et al, 2013. Morphological diversity in breadfruit (*Artocarpus*, Moraceae): insights;into domestication, conservation, and cultivar identification[J]. Genetic Resources & Crop Evolution, 60(1):175-192.

Ochse J J, et al, 1961.Tropical and subtropical agriculture[J]. New York, Macmillan, 63(1):649-652.

Ragone D, CG Cavaletto, 2006. Sensory evaluation of fruit quality and nutritional composition of 20 breadfruit (*Artocarpus*, Moraceae) cultivars[J]. Economic Botany, 60(4):335-346.

Roberts-Nkrumah LB, 2007. An overview of breadfruit (*Artocarpus altilis*) in the caribbean[J]. Acta Hortic, 757:51-60.

Taylor MB, Tuia VS, 2007. Breadfruit in the pacific region[J]. Acta Hortic, 757:43-50.

Yuchan Zhou, Mary B Taylor, Steven J R 2014. Underhill.Dwarfing of breadfruit (*Artocarpus altilis*)Trees: opportunities and challenges[J]. American Journal of Experimental Agriculture, 4(12): 1743-1763.

附录一 NY/T 489—2002

木菠萝 (Jackfruit)

1 范围

本标准规定了木菠萝鲜果的要求、试验方法、检验规则、标志、标签、包装、贮存和运输条件。

本标准适用于干苞类型木菠萝鲜果的质量评定及其贸易。

2 规范性引用文件

下列文件中的条款通过本标准的引用而成为本标准的条款。凡是注日期的引用文件，其随后所有的修改单（不包括勘误的内容）或修订版均不适用于本标准，然而，鼓励根据本标准达成协议的各方研究是否可使用这些文件和最新版本。凡是不注日期的引用文件，其最新版本适用于本标准。

GB 191　包装储运图示标志

GB 2762　食品中汞限量卫生标准

GB 4810　食品中砷限量卫生标准

GB/T 5009.11　食品中总砷的测定方法

GB/T 5009.17　食品中总汞的测定方法

GB/T 5009.19　食品中六六六、滴滴涕残留量的测定方法

GB/T 5009.20　食品中有机磷农药残留量的测定方法

GB/T 5009.38　蔬菜、水果卫生标准的分析方法

GB 5127　食品中敌敌畏、乐果、马拉硫磷、对硫磷最大残留限量标准

GB 7718　食品标签通用标准

GB/T 8855—1988　新鲜水果和蔬菜的取样方法

GB/T 12295　水果、蔬菜制品　可溶性固形物含量的测定　折射仪法

GB 14870　食品中多菌灵最大残留限量标准

3　术语和定义

下列术语和定义适用于本标准。

3.1　干苞类型木菠萝　dry bud type of jackfruit

硬肉类。熟果果皮有弹性，成熟时果苞与中轴不易分离，果苞肉干爽而脆、味香甜。

3.2　品种特征　characteristics of the variety

木菠萝鲜果属聚合果。果皮由果钉（六角形瘤状突起）组成，果内由多个经受精发育膨大的花萼和心皮构成果苞，生于肉质的花轴上。果实有椭球形、球形、扁球形。

3.3　果实长度　fruit length

木菠萝鲜果自果柄到基部到果顶的长度。

3.4　果实横径　fruit diameter

木菠萝鲜果果实长度中部的直径。

3.5　瘦果　achene

瘦果俗称果苞。指木菠萝鲜果内由受精发育膨大的花萼和心皮构成的可食部分，内含种子。

3.6　形状完整　forma integrity

果实发育饱满，果形匀称，果钉形状整齐，无畸形。

3.7　色泽　coloring

木菠萝鲜果固有的色泽，主要有青绿色、黄色或褐色。

3.8　成熟度　maturity

木菠萝鲜果生理成熟程度。

3.9 腐烂 putrefy

因软腐病等因素引起的任何腐败损及果实、果轴、果柄部分者。

3.10 裂果 dehiscent fruit

果皮破裂，露出瘦果及苞肉者。

3.11 损害 damage

因日灼、人为、机械及病虫害等因素造成果实损害出现的果面畸形、疤痕与其他缺陷。

3.12 软腐病 soft rot

果实表面有水渍状褐色或黄褐色病斑。

3.13 可食率 edible percentage

可供食用的瘦果苞肉的质量与总果质量之比，以百分率表示。

4 要求

4.1 感官指标

各等级木菠萝鲜果的感官指标应符合表1的要求。

表1 木菠萝鲜果的感官指标

项 目	指 标		
	优等品	一等品	二等品
特征色泽	具有同一品种的特征，皮色正常，有光泽，清洁	具有同一品种的特征，皮色正常，有光泽，清洁	具有同一品种的特征，形状尚完整，无畸形，皮色青绿，尚清洁
成熟度	果实饱满、硬实，指压略有下陷，有弹性；拨果皮瘤峰，脆断无汁流出；利器刺果，无清汁流出；拍击果实，浊音者成熟		
果形长度横径	形状完整，果轴不长于5厘米。长度50厘米以上，横径40厘米以上	形状完整，果轴不长于5厘米。长度40厘米以上，横径30厘米以上	形状完整，果轴不长于5厘米。长度30厘米以上，横径20厘米以上

（续）

项　　目	指　　标		
	优等品	一等品	二等品
果肉	肉质新鲜，色泽金黄，苞肉厚度均匀，风味芳香。口感干爽脆滑，味甜	肉质新鲜，色泽金黄，苞肉厚度均匀，风味芳香。口感干爽脆滑，味甜	肉质新鲜，色泽金黄，苞肉厚度均匀，风味芳香。口感干爽脆滑，味稍淡
损害	不允许有腐烂、裂果、疤痕、软腐病及其他病虫害	无腐烂、裂果和畸形。因软腐病及其他病虫害等因素引起的疤痕面积不超过3厘米^2	无腐烂、裂果和畸形。因软腐病及其他病虫害等因素引起的疤痕面积不超过5厘米^2

4.2　理化指标

各等级木菠萝鲜果的理化指标应符合表2的要求。

表2　木菠萝鲜果的理化指标

项　　目	指　　标		
	优等品	一等品	二等品
单果重，kg/个　　≥	18	12	8
可溶性固形物，%　≥		21	
可食率，%　　　　≥		43	

4.3　卫生指标

六六六、滴滴涕不得检出，其他卫生指标按照GB2762、GB4810、GB5127、GB14870规定执行。

4.4　容许度

4.4.1　优等品中不符合本等级质量的果实不得超过3%，且不符合本等级质量的果实不得低于一等品的质量指标。

4.4.2　一、二等品中不符合本等级质量的果实不得超过3%，一等品中不符合本等级质量的果实不得低于二等品的质量指标

5 试验方法

5.1 感官检验

5.1.1 外观

用卷尺测定果实长度、果实横径与果轴长度；观测果形、色泽及果面畸形与缺陷等外观性状。并作记录。

5.1.2 成熟度

拍击果实或手指弹压或手拨果皮瘤峰或利器刺果。并作记录。

5.1.3 果肉品质

将样果用水洗净，纵剖切开，取其瘦果，观察品尝；苞肉厚度、色泽、风味芳香、口感。并作记录。

5.1.4 损害

目测观察并用卡尺测量样品果实表面的疤痕、软腐病及其他病虫害等。并作记录。

5.2 理化指标

5.2.1 单果重

将抽取的样果逐个放在台秤上称量，记录。

5.2.2 可食率

取样果2～3个，称出总质量，然后仔细将果实各部分分开，称量果皮、种子、果轴等全部不可食部分质量。精确至小数点后一位。

按式（1）计算可食率：

$$X = \frac{m_0 - m_1}{m_0} \times 100 \qquad\cdots\cdots\cdots\cdots\cdots\cdots\cdots\cdots (1)$$

式中：

X——可食率，%；

m_0——样果质量，单位为千克（kg）。

m_1——不可食部分质量，单位为千克（kg）。

重复测定两次，结果以两次测定平均值计。

5.2.3 可溶性固形物

按GB/T 12295规定执行。

5.3 卫生检验

取可食部分做待测样品，按GB/T 5009.11、GB/T 5009.17、GB/T 5009.19、GB/T 5009.20、GB/T 5009.38、GB 14870的规定执行。

5.4 容许度计算

将抽取的样果按品质要求检测，并分项记录。如果一个样品同时出现多种缺陷，选择一种主要的缺陷，按一个缺陷计。按式（2）计算容许度，算至小数点后一位。

$$B = \frac{m_2}{m_3} \times 100 \quad \cdots\cdots\cdots\cdots\cdots\cdots\cdots\cdots\cdots\cdots \quad (2)$$

式中：

B——单项不合格果率，%；

m_2——单项不合格果质量，单位为千克（kg）。

m_3——样果质量，单位为千克（kg）。

6 检测规则

6.1 组批

同产地、同等级、同一批采收发运的木菠萝作为一个检验批次。

6.2 抽样

按照GB/T 8855—1988中的5.2.2规定执行。

6.3 判定规则

6.3.1 经检验符合第4章要求的产品，该批产品按本标准判定为相应等级的合格产品。

6.3.2 卫生指标检验结果中一项指标不合格，该批产品按标准判定为不合格产品。

6.4 复检

贸易双方对检验结果有异议时，须加倍抽样复检，复检以1次为限，结论以复检结果为准。

7 标志、标签

标志按照 GB 191 规定执行，标签按 GB 7718 中有关规定执行。

8 包装、运输与贮存

8.1 包装形式

散装，垂直码放，码放两层。

散装车厢或船内应有标签。

8.2

按合同要求款项需要加工包装时，则包装容器须较好地保护果实不受伤害，应大小一致。包装容器应清洁、干燥、牢固、透气、美观，无污染、无异味，内部无尖突物，外部无钉刺，无虫孔及霉变现象。包装箱按相关标准的规定执行。

8.3 运输和贮存

达到生理成熟的果实，采后需经后熟后方可食用。故推荐贮存及运输条件温度为11.1℃～12.7℃，湿度85%～90%。

说明：

本标准由农业部农垦局提出。

本标准由农业部热带作物及制品标准化技术委员会归口。

本标准起草单位：农业部热带农产品质量监督检验测试中心。

本标准主要起草人：刘根深、章程辉、陈业渊、周永华。

2002年1月4日由中华人民共和国农业部发布，2002年2月1日起实施。

附录二 NY/T 949—2006

木菠萝干 (Jackfruit chips)

1 范围

本标准规定了木菠萝干的要求、试验方法、检验规则、标志、标签、包装、运输和贮存。

本标准适用于以木菠萝为原料、经加工制成的木菠萝干。

2 规范性引用文件

下列文件中的条款通过本标准的引用而成为本标准的条款。凡是注日期的引用文件，其随后所有的修改单（不包括勘误的内容）或修订版均不适用于本标准，然而，鼓励根据本标准达成协议的各方研究是否可使用这些文件和最新版本。凡是不注日期的引用文件，其最新版本适用于本标准。

GB 191 包装储运图示标志

GB/T 4789.2 食品卫生微生物学检验 菌落总数测定

GB/T 4789.3 食品卫生微生物学检验 大肠菌群测定

GB/T 4789.5 食品卫生微生物学检验 志贺氏菌检验

GB/T 4789.10 食品卫生微生物学检验 金黄色葡萄球菌检验

GB/T 5009.11 食品中总砷及无机砷的测定

GB/T 5009.12 食品中铅的测定

GB/T 5009.30 食品中叔丁基羟基茴香醚（BHA）与2,6二叔丁基甲酚（BHT）的测定

GB/T 5009.37 食用植物油卫生标准的分析方法

GB/T 5009.56—2003　糕点卫生标准的分析方法

GB 7102　食用煎炸油卫生标准

GB 7718　食品标签通用标准

GB/T 14769　食品中水分的测定方法

JJF 1070　定量包装商品净含量计量检验规则

3 要求

3.1 原料

3.1.1 木菠萝果实要求成熟、新鲜、果苞完整，无霉烂。

3.1.2 植物油应符合GB 7102的规定。

3.2 感官

感官应符合表1规定。

表1　感官要求

项　目	要　求
色泽	呈淡黄色或黄色，无霉变
滋味和口感	具有木菠萝干特有的滋味和香气，味甜，口感酥脆，无异味。
形态	片状基本完整
杂质	无肉眼可见外来杂质

3.3 理化

理化要求应符合表2规定。

表2　理化要求

项　目		指　标
净含量允许负偏差，%	≤200g/袋	≤4.5（每批平均净含量不应低于标明量）
	>200g/袋	≤9.0（每批平均净含量不应低于标明量）
水分，%		≤5.0
酸价，mg/g		≤3
过氧化值，g/100g		≤0.25

3.4 卫生

卫生要求应符合表3规定。

表3 卫生要求

项 目	指 标
铅（以Pb计），mg/kg	≤1.0
砷（以As计），mg/kg	≤0.5
抗氧化剂（BHA+BHT），g/kg	≤0.2
菌落总数，个/g	≤1000
大肠菌群，个/100g	≤30
致病菌（志贺氏菌、金黄色葡萄球菌）	不得检出

4 试验方法

4.1 感官检验

将200g被测样品放置在洁净的白瓷盘中，在自然光下用肉眼直接观察其色泽、形态和杂质，嗅其气味，品尝滋味。

4.2 理化要求检测

4.2.1 净含量

按JJF 1070规定执行。

4.2.2 水分

按GB/T 14769规定执行。

4.2.3 酸价

按GB/T 5009.56中4.2.2条的方法提取脂肪，按GB/T 5009.37中4.1条规定执行。

4.2.4 过氧化值

按GB/T 5009.56中4.2.2条的方法提取脂肪，按GB/T 5009.37中4.2条规定执行。

4.3 卫生指标检测

4.3.1 砷

按GB/T 5009.11规定执行。

4.3.2 铅

按GB/T 5009.12规定执行。

4.3.3 抗氧化剂

按GB/T 5009.30规定执行。

4.3.4 菌落总数

按GB/T 4789.2规定执行。

4.3.5 大肠菌群

按GB/T 4789.3规定执行。

4.3.6 致病菌

按GB/T 4789.5 、GB/T 4789.10规定执行。

5 检验规则

5.1 组批规则

同一批原料、同一批生产日期生产的包装完好的同一规格产品为同一组批。

5.2 抽样方式

按JJF 1070规定执行。

5.3 检验分类

5.3.1 出厂检验

5.3.1.1 每批组产品出厂前应由生产厂的技术检验部门按本标准进行检验，检验合格，出具合格证，方可出厂。

5.3.1.2 出厂检验项目包括感官要求、净含量允许负偏差、水分、过氧化值及微生物指标。

5.3.2 型式检验

5.3.2.1 型式检验的项目应包括本标准规定的全部项目。

5.3.2.2 出现下列情况之一时，应进行型式检验。

    a) 新产品定型鉴定时；

    b) 原材料、设备或工艺有改变时；

    c) 每三个月进行1次检验；

    d) 产品质量不稳定，两次检验结果差异较大时；

    e) 国家质量监督机构或主管部门提出型式检验要求时。

5.4 判定规则

5.4.1 检验结果全部符合本标准规定要求的该批产品为合格品。卫生要求有一项不合格，判定该批产品为不合格。

5.4.2 若检验结果中理化要求出现不符合本标准规定的指标，允许复检1次，复验应在同一批产品中加倍抽样，判定以复验结果为准。若检验结果中感官、卫生要求出现不符合本标准规定的指标，不进行复验。

6 标志、标签

6.1 标志

按GB 191规定执行。

6.2 标签

按GB 7718规定执行。

7 包装、运输和贮存

7.1 包装材料应符合食品卫生要求

7.2 运输工具应清洁卫生具有防晒、防雨等设施。运输中不应与有毒、有害、有腐蚀、有异味的物品混运，搬运时应轻拿轻放。

7.3 产品应贮存于清洁卫生、通风干燥等设施的仓库内。堆放时要离开地面10cm以上，离四周墙壁20cm以上。

说明：

本标准由中华人民共和国农业部提出。

本标准由农业部热带作物及制品标准化技术委员会归口。

本标准起草单位：农业部热带农产品质量监督检验测试中心。

本标准主要起草人：章程辉、谢德芳、叶海辉、陈雪华。

2006年1月26日由中华人民共和国农业部发布，2006年4月1日起实施。

附录三　NY/T 1473—2007

木菠萝 种苗（Jackfruit seedling）

1　范围

本标准规定了木菠萝（*Artocarpus heterophyllus* Lam.）种苗的术语和定义、要求、试验方法、检验规则、包装、标签、运输和贮存。

本标准适用于木菠萝嫁接苗。

2　规范性引用文件

下列文件中的条款通过本标准的引用而成为本标准的条款。凡是注日期的引用文件，其随后所有的修改单（不包括勘误的内容）或修订版均不适用于本标准，然而，鼓励根据本标准达成协议的各方研究是否可使用这些文件和最新版本。凡是不注日期的引用文件，其最新版本适用于本标准。

GB 9847　苹果苗木

GB 15569　农业植物调运检疫规程

中华人民共和国国务院《植物检疫条例》

中华人民共和国农业部《植物检疫条例实施细则（农业部分）》

3　术语和定义

下列术语和定义适用于本标准。

嫁接苗　grafted seedling

用特定的砧木和接穗，通过嫁接方法繁育的种苗。

4 要求

4.1 基本要求

4.1.1 品种纯度要求≥98%。

4.1.2 出圃时容器基本完好，营养土柱直径≥11 cm，高≥25cm。

4.1.3 植株主干直立、生长正常，没有明显机械损伤。

4.1.4 嫁接口上下平滑，愈合良好。

4.2 检疫

没有检疫性病虫害。

4.3 分级指标

木菠萝种苗分为一级、二级两个级别，各级别的种苗应符合表1的规定。

表1 木菠萝种苗分级指标

项目	级 别	
	一级	二级
种苗高度，cm	≥50	≥30
嫁接口高度，cm	≤20	≤30
砧木粗度，cm	≥1.0	≥0.6
茎干粗度，cm	≥0.5	≥0.3

5 试验方法

5.1 纯度检验

根据指定品种的主要特征，用目测法观察所检样品种苗，确定指定品种的种苗数。品种纯度按公式（1）计算：

$$P = \frac{n_1}{N_1} \times 100 \cdots\cdots\cdots\cdots\cdots\cdots\cdots\cdots (1)$$

式中：

P —— 品种纯度，单位为百分率（%）；

n_1 —— 样品中鉴定品种株数，单位为株；

N_1 —— 抽样总株数，单位为株。

计算结果保留一位小数，记入附录B的表格中。

5.2　外观检验

用目视检测生长情况、嫁接口愈合程度、病虫害为害和机械损伤等情况。

5.3　疫情检验

按中华人民共和国国务院《植物检疫条例》、中华人民共和国农业部《植物检疫条例实施细则（农业部分）和GB 15569的有关规定执行。

5.4　分级检验

5.4.1　种苗高度

用钢卷尺测量从营养土面至种苗顶端的距离（精确至±1 cm），保留整数。

5.4.2　嫁接口高度

用钢卷尺测量从营养土面至嫁接口基部的距离（精确至±1 cm），保留整数。

5.4.3　砧木粗度

用游标卡尺测量营养土面以上5cm处（精确至±1.0 cm）的砧木直径，保留一位小数。

5.4.4　茎干粗度

用游标卡尺测量嫁接口以上5cm处的茎干最粗直径（精确至±1.0cm），保留一位小数。将检验结果记入附录A的表格中。

6　检验规则

6.1　组批

同一产地、同时出圃的嫁接苗作为一个检验批次，检验限于种苗装运地或繁殖地进行。

6.2　抽样

按GB 9847的规定执行，采用随机抽样法。种苗基数在999株以下（含999株），按基数的10%抽样，并按公式（2）计算抽样量；种苗基数在1000株以上时，按公式（3）计算抽样量。具体计算公式如下：

$$y_1 = y_2 \times 10\% \cdots\cdots\cdots\cdots\cdots\cdots\cdots\cdots\cdots (2)$$
$$y_3 = 100 + (y_2 - 999) \times 2\% \cdots\cdots\cdots (3)$$

式中：

y_1——种苗基数在999株以下的抽样量，单位为株，保留整数；

y_2——种苗基数；

y_3——种苗基数在1000株以上的抽样量，单位为株，保留整数。

6.3　判定规则

6.3.1　如达不到4.1和4.2中的某一项要求，则判该批种苗不合格。

6.3.2　同一批检验的一级种苗中，允许有5 %的种苗低于一级标准，但必须达到二级标准，超过此范围，则判为二级种苗；同一批检验的二级种苗中，允许有5%的种苗低于二级标准，但应达到基本要求，超过此范围，则判该批种苗不合格。

6.4　复检

如果对检验结果产生异议，允许采用备用样品（如条件允许，可再抽1次样）复检1次，复检结果为最终结果。

7　包装、标签、运输和贮存

7.1　包装、标签

容器苗如果容器破损不严重，且营养土柱不松散的，一般不需包装。如容器破损而营养土柱完好，种苗销售或调运时必须重新包装好。包装容器应方便、牢固，以免损伤种苗。

种苗销售或调运时必须附有质量检验证书和标签。推荐的检验证书参见附录B，推荐的标签参见附录C。

7.2 运输、贮存

种苗应按不同品种、不同级别装运；应小心轻放，防止营养土柱松散；在运输过程中，应保持一定的湿度和通风透气，并防止日晒、雨淋。

种苗运到目的地后应尽快种植，如短时间内不能定植的，应置于荫棚或荫凉处，并注意淋水，保持湿润。

附录A
（资料性附录）
木菠萝种苗质量检测记录

表A.1　木菠萝种苗质量检测记录表

品　　种：_____　　　　　No:_____

育苗单位：_____　　　　购苗单位：_____

出圃株数：_____　　　　抽检株数：_____

样株号	种苗高度 cm	嫁接口高度 cm	砧木粗度 cm	茎干粗度 cm	初评级别

审核人（签字）：　　校核人（签字）：　　检测人（签字）：　　检测日期：　年　月　日

附录B
（资料性附录）
木菠萝种苗检验证书
表B.1 木菠萝种苗检验证书

No: ＿＿＿＿＿＿＿＿＿

育苗单位		购苗单位	
出圃株数		苗木品种	
品种纯度，%			
检验结果	一级： 株；二级： 株。		
检验意见			
证书签发期		证书有效期	
检验单位			
注:本证一式三份，育苗单位、购苗单位、检验单位各一份。			

审核人（签字）： 校核人（签字）： 检测人（签字）：

附录C
（资料性附录）
木菠萝种苗标签
木菠萝种苗标签见图C.1。

单位：cm

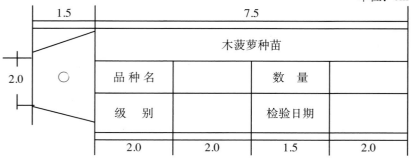

正面

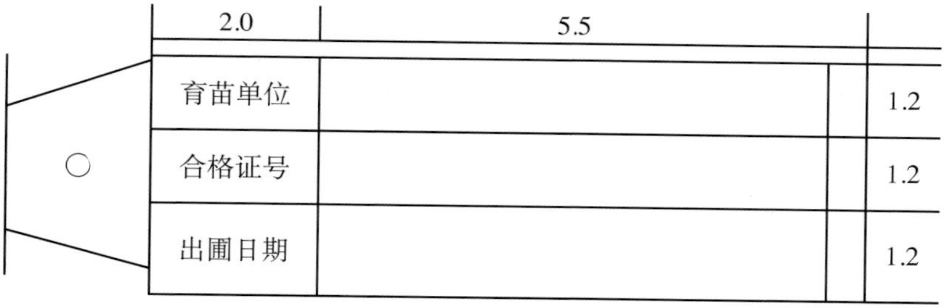

2.0	5.5	
育苗单位		1.2
合格证号		1.2
出圃日期		1.2

反面

注： 标签用150g的牛皮纸，标签孔用金属包边。

图C.1 木菠萝种苗标签

说明：

本标准由中华人民共和国农业部提出。

本标准由农业部热带作物及制品标准化技术委员会归口。

本标准起草单位：中国热带农业科学院香料饮料研究所。

本标准主要起草人：谭乐和、刘爱勤、郑维全、陈海平。

2007年12月18日由中华人民共和国农业部发布，2008年3月1日起实施。

附录四　NY/T 2515—2013

植物新品种特异性、一致性和稳定性测试指南

木菠萝

1　范围

本标准规定了木菠萝（*Artocarpus heterophyllus* Lam.）新品种特异性、一致性和稳定性测试的技术要求和结果判定的一般原则。

本标准适用于木菠萝新品种特异性、一致性和稳定性测试和结果判定。

2　规范性引用文件

下列文件对于本标准的应用是必不可少的。凡是注日期的引用文件，仅注日期的版本适用于本标准。凡是不注日期的引用文件，其最新版本（包括所有的修改单）适用于本标准。

GB/T 19557.1　植物新品种特异性、一致性和稳定性测试指南总则

NY/T 1473　木菠萝　种苗

NY/T 489　木菠萝

DB46/T 109　菠萝蜜生产技术规程

3　术语和定义

GB/T 19557.1　确定的术语和定义适用于本标准。

3.1　群体测量　single measurement of a group of plants or parts of plants

236

对一批植株或植株的某器官或部位进行测量，获得一个群体记录。

3.2 个体测量 measurement of a number of individual plants or parts of plants

对一批植株或植株的某器官或部位进行逐个测量，获得一组个体记录。

3.3 群体目测 visual assessment by a single observation of a group of plants or parts of plants

对一批植株或植株的某器官或部位进行目测，获得一个群体记录。

3.4 个体目测 visual assessment by observation of individual plants or parts of plants

对一批植株或植株的某器官或部位进行逐个目测，获得一组个体记录。

4 符号

下列符号适用于本标准：

MG：群体测量

MS：个体测量

VG：群体目测

VS：个体目测

QL：质量性状

QN：数量性状

PQ：假质量性状

（a）～（c）：标注内容在附录 B 的 B.2 中进行了详细解释。

（+）：标注内容在附录 B 的 B.3 中进行了详细解释。

5 繁殖材料的要求

5.1 繁殖材料以袋装嫁接苗形式提供。

5.2 提交的嫁接苗数量至少为6株。

5.3 提交的嫁接苗健壮，无病虫为害和机械损伤，应符合 NY/T 1473 中 规定 Ⅰ 级苗木的要求。

5.4 嫁接苗不应进行任何影响品种性状正常表达的处理。如已处理，应提供处理的详细说明。

5.5 提交的嫁接苗应符合中国植物检疫的相关规定。

6 测试方法

6.1 测试周期

6.1.1 测试周期数量

通常测试的周期至少为2个独立的生长周期，每个生长周期，应能结出正常的果实。

6.1.2 生长周期的解释

生长周期为从活跃的营养生长或开花开始，经过持续活跃的营养生长或开花、果实发育直至果实收获的整个阶段。

6.2 测试地点

测试通常在一个地点进行。测试地点应满足 DB46/T 109 中规定的园地选择要求。如果某些性状在该地点不能充分表达，可在其他符合条件的地点对其进行观测。

6.3 田间试验

6.3.1 试验设计

申请品种和近似品种相邻种植。以挖穴定植的方式种植，不少于6株，株距5.0 m ～ 6.0 m，行距5.0 m ～ 6.0 m。

6.3.2 田间管理

按DB46/T 109中规定的生产管理方式进行。

6.4 性状观测

6.4.1 观测时期

性状观测应按照附录A表A.1和表A.2列出的生育阶段进行。生育阶段描述见附录B表B.1。

6.4.2 观测方法

性状观测应按照附录A表A.1和表A.2规定的观测方法（VG、VS、MG、MS）进行。

6.4.3 观测数量

除非另有说明，个体观测性状（VS、MS）取样数量不少于5株，在观测植株的器官或部位时，每个植株取样数量应为2个。

6.5 附加测试

必要时，可选用附录A表A.2中的性状或本指南未列出的性状进行附加测试。

7 特异性、一致性和稳定性的判定

7.1 总体原则

特异性、一致性和稳定性的判定按照GB/T 19557.1确定的原则进行。

7.2 特异性的判定

申请品种应明显区别于所有已知品种。在测试中，当申请品种至少在一个性状上与近似品种具有明显且可重现的差异时，即可判定申请品种具备特异性。

7.3 一致性的判定

一致性判定时，采用1%的群体标准和至少95%的接受概率。当样本大小为5株时，不允许有异型株。

7.4 稳定性的判定

如果一个品种具备一致性，则可认为该品种具备稳定性。一般不对稳定性进行测试。

必要时，可以种植该品种的下一批嫁接苗，与以前提供的种苗相比，若性状表达无明显差异，则可判定该品种具备稳定性。

8 性状表

8.1 概述

根据测试需要，将性状分为基本性状、选测性状，基本性状是测试中必须使用的性状。附录A表A.1列出了木菠萝基本性状，附录A表A.2列出了木菠萝可以选择测试的性状。

性状表列出了性状名称、表达类型、表达状态及相应的代码和标准品种、观测时期和方法等内容。

8.2 表达类型

根据性状表达方式，将性状分为质量性状、假质量性状和数量性状三种类型。

8.3 表达状态和相应代码

8.3.1 每个性状划分为一系列表达状态，为便于定义性状和规范描述，每个表达状态赋予一个相应的数字代码，以便于数据记录、处理和品种描述的建立与交流。

8.3.2 对于质量性状和假质量性状，所有的表达状态都应当在测试指南中列出；对于数量性状，为了缩小性状表的长度，偶数代码的表达状态未列出，偶数代码的表达状态可描述为前一个表达状态到后一个表达状态的形式。

8.4 标准品种

性状表中列出了部分性状有关表达状态相应的标准品种，以助于确定相关性状的不同表达状态和校正环境因素引起的差异。

9 分组性状

本标准中，品种分组性状如下：

a) 花：开花习性（表A.1中性状13）

b）果实：形状（表A.1中性状14）

c）果实：果苞颜色（表A.1中性状24）

d）果实：果苞质地（表A.1中性状25）

10　技术问卷

申请人应按附录C格式填写木菠萝技术问卷。

附　录　A

（规范性附录）

木菠萝性状表

A.1　木菠萝基本性状

表A.1　木菠萝性状表

序号	性　状	观测时期和方法	表达状态	标准品种	代　码
1	叶片：形状 PQ (a) (+)	21 VG	窄卵形		1
			长椭圆形		2
			椭圆形		3
			近圆形		4
2	叶片：长度 QN (a)	21 MS	短		3
			中	马来西亚5号	5
			长	马来西亚1号	7
3	叶片：宽度 QN (a)	21 MS	窄		3
			中等	常有菠萝蜜	5
			宽		7
4	叶片：先端形状 PQ (a) (+)	21 VG	锐尖		1
			渐尖		2
			钝尖		3

菠萝蜜 面包果 尖蜜拉栽培与加工

（续）

序号	性 状	观测时期和方法	表达状态	标准品种	代 码
5	叶片：基部形状 QN (a) (+)	21 VG	近圆形	马来西亚3号	1
			楔形	常有菠萝蜜	2
			渐狭形		3
6	叶片：波状 QL (a) (+)	21 VG	无		1
			有		9
7	叶片：叶柄长度 QN (a) (+)	21 MS	短		3
			中	常有菠萝蜜	5
			长	马来西亚1号	7
8	叶片：绿色程度 QN (a) (+)	21 VG	浅		1
			中等	马来西亚1号	2
			深	马来西亚5号	3
9	花：初花期 QN (b)	32 MG	早	马来西亚1号	1
			中等		3
			晚		5
10	花：雄花序形状 PQ (b) (+)	35 VG	棒形	马来西亚1号	1
			椭圆形	马来西亚3号	2
11	花：雌花序形状 PQ (b)	35 VG	棒形	马来西亚1号	1
			椭圆形	马来西亚3号	2
12	花：花序颜色 PQ (b)	35 VG	绿色		1
			黄绿色	马来西亚1号	2
			黄色		3

（续）

序号	性　状	观测时期和方法	表达状态	标准品种	代　码
13	花：开花习性 QL (b) (+)	35 VG	1年1次	常有菠萝蜜	1
			1年多次	马来西亚1号	2
14	果实：形状 PQ (c) (+)	45 VG	扁圆形		1
			近圆形		2
			长椭圆形	马来西亚1号	3
			椭圆形	常有菠萝蜜	4
15	果实：果柄长度 QN (c)	45 MS /VG	短		1
			中	常有菠萝蜜	3
			长	马来西亚1号	5
16	果实：果蒂形状 PQ (c) (+)	45 VG	凹陷		1
			平展		2
			凸起		3
17	果实：纵径 QN (c)	45 MS	短	常有菠萝蜜	3
			中	马来西亚3号	5
			长	马来西亚1号	7
18	果实：横径 QN (c)	45 MS	短	常有菠萝蜜	3
			中	马来西亚1号	5
			长	马来西亚3号	7
19	果实：纵/横径 比例 QN (c)	45 MS	小		1
			中	常有菠萝蜜	2
			大	马来西亚1号	3

（续）

序号	性 状	观测时期和方法	表达状态	标准品种	代 码
20	果实：果皮厚度 QN (c) (+)	46 VG	薄		1
			中	马来西亚1号	2
			厚	马来西亚2号	3
21	果实：果皮颜色 PQ (c)	46 VG	黄色		1
			黄绿色	马来西亚1号	2
			黄褐色		3
			褐色		4
22	果实：果皮皮刺 QL (c) (+)	46 VG	尖		1
			钝		2
23	果实：果肉厚度 QN (c) (+)	46 MS /VG	薄		1
			中	常有菠萝蜜	2
			厚	马来西亚1号、3号	3
24	果实：果苞颜色 PQ (c) (+)	46 VG	浅黄色		1
			中等黄色	马来西亚1号	2
			深黄色		3
			橙红色	马来西亚6号	4
25	果实：果苞质地 QL (c) (+)	46 VG	软		1
			脆		2
26	果实：果腱颜色 PQ (c)	46 VS	乳白色	马来西亚5号	1
			浅黄色		2
			中等黄色	马来西亚1号	3

（续）

序号	性　状	观测时期和方法	表达状态	标准品种	代码
27	果实：单果重 QN (c)	46 MS	轻	常有菠萝蜜	3
			中	马来西亚5号	5
			重	马来西亚1号	7

A.2　木菠萝选测性状

表A.2　木菠萝选测性状表

序号	性　状	观测时期和方法	表达状态	标准品种	代码
28	果实：香气 QN (c) (+)	46 VG	无或极弱		1
			强		2
29	果实：果苞长度 QN (c) (+)	46 MS/VG	短		1
			中	常有菠萝蜜	3
			长	马来西亚1号、 3号	5
30	果实：果苞宽度 QN (c) (+)	46 MS/VG	窄		1
			中		3
			宽	马来西亚3号	5
31	果实：果胶含量 QN (c) (+)	46 VG	少	马来西亚1号、 常有菠萝蜜	1
			中		2
			多		3
32	果实：可溶性固 形物含量 QN (c) (+)	46 MG	低		3
			中	马来西亚1号	5
			高		7

附　录　B
（规范性附录）
木菠萝性状表的解释

B.1　木菠萝生育阶段表

表B.1　木菠萝生育阶段表

代码	名　　称	描　　述
10	苗期	从芽接到种苗可出圃。
21	营养生长期	从种苗定植后到初次开花（定植后1.5～3年）。
32	始花期	始花，植株开始开花到25%左右的花序开花期间。
35	盛花期	植株上50%的花序开花。
38	盛花期末期	植株上85%的花序开花。
40	果实发育期	授粉成功后，果实迅速膨大期。
45	果实成熟期	果实接近该品种固有大小，成熟度9成以上。用手或木棒拍打果实时，发出"噗、噗"的混浊音或利器刺果，流出乳汁变清。
46	果实后熟期	果实采收后，生理后熟期。

B.2　涉及多个性状的解释

a.叶片

对于叶片的观察，应以树冠外围中上部刚转绿老熟的枝条，中部发育正常的叶子。每株东、西、南、北、中各1个枝条。共取叶片10片。

b.花

对于花序的观察，应选择在初花期到盛花期间，发育正常的雌雄花序，各取样10个。

c.果实

对于果实的观察，应以正常发育成熟，成熟度在9成以上，每个植株取2个果，共取样10个以上，以占主要的性状为准。

B.3 涉及单个性状的解释

性状分级和图中代码见表A.1。

性状1 叶片：形状，见图B.1。

1 窄卵形　　2 长椭圆形　　3 椭圆形　　4 近圆形

图B.1　叶片：形状

性状4 叶片：先端形状，见图B.2。

1 锐尖　　　2 渐尖　　　3 钝尖

图B.2　叶片：先端形状

性状5 叶片：基部形状，见图B.3。

1 近圆形　　　2 楔形　　　3 渐狭形

图B.3　叶片：基部形状

性状6 叶片：波状，见图B.4。

1 无　　　　　　　　　　　　　　　　9 有

图B.4　叶片：波状

性状7 叶片：叶柄长度。

测量成熟叶的叶柄基部至叶片基部的长度。

性状8 叶片：绿色程度，见图B.5。

1 浅　　　　　　　2 中 等　　　　　　3 深

图B.5　叶片：绿色程度

性状10 花：雄花序形状，见图B.6。

1 棒 形　　　　　2 椭圆形

图B.6　花：雄花序形状

性状13 花：开花习性。

植株正常开花结果后进行观测，根据植株1-2年间开花的次数进行分级。

1年1次：1年开花结果1次，也称单造菠萝蜜。

1年多次：1年开花结果2次或2年开花结果3次，由于全树花期较长，四季开花，也称四季菠萝蜜。

性状14 果实：形状，见图B.7。

1 扁圆形　　　　　　2 近圆形　　　3 长椭圆形　　　4 椭圆形

图B.7　果实：形状

性状16 果实：果蒂形状，见图B.8。

1 凹陷　　　　　　　　　2 平展　　　　　　　3 凸起

图B.8　果实：果蒂形状

性状20 果实：果皮厚度，见图B.9。

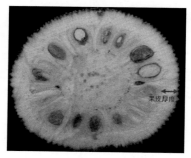

图B.9　果实：果皮厚度

性状22 果实：果皮皮刺，见图B.10。

1尖　　　　　　　　　　　2钝

图B.10　果实：果皮皮刺

性状23 果实：果肉厚度。

每个植株取完全成熟、具有代表性的果实1个，剖开果实，选取中部的5个果苞，取出种子，用游标卡尺测量果肉的厚度，取其平均值。

性状24 果实：果苞颜色，见图 B.11。

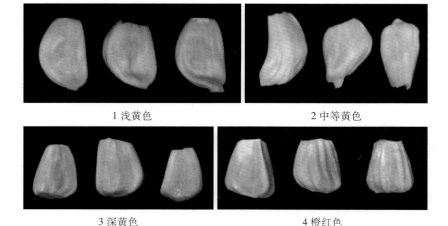

1 浅黄色　　　　　　　　2 中等黄色

3 深黄色　　　　　　　　4 橙红色

图B.11　果实：果苞颜色

性状25 果实：果苞质地。

根据果实果苞品质和成熟后所含水分多少进行分级。

软：木菠萝湿苞类型，主要特征，果熟时皮软，手压之易陷下，徒手可以剖食，苞与中轴易分离，树上过熟时，常常整个果实自行脱离中轴堕地，苞肉水分多，质地软滑。

脆：干苞类型，主要特征，果熟时果皮较硬，手压不易陷下，有弹性，苞与中轴不易分离，苞肉水分少，质地硬、肉质爽脆。具体见NY/T 489 木菠萝。

性状28 果实：香气。

每个植株取完全成熟、具有代表性的果实2个以上，共取样10个以上，剖开果实放在一起，3人以上感受其香气。如有差异，以占主要的类型为准。

性状29 果实：果苞长度，见图B.12。

性状30 果实：果苞宽度，见图B.12。

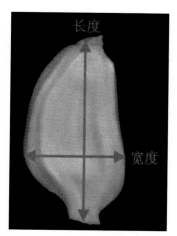

图B.12 果实：果苞长度、宽度

性状31 果实：果胶含量。

每个植株选取完全成熟、具有代表性的果实2个以上，共取样10个以上，剖开果实，用手剥下果苞，3人以上测试果胶含量多少，取其平均。

性状32 果实：可溶性固形物含量。

每个植株选取完全成熟、具有代表性的果实2个以上，共取样10个以上，剖开果实，采用手持折射仪测量果肉汁液可溶性固形物含量。

附 录 C
（规范性附录）
木菠萝技术问卷格式

木菠萝技术问卷

> 申请号：
> 申请日：
> ［由审批机关填写］

（申请人或代理机构签章）

C.1　品种暂定名称：_____

C.2　植物学分类
　　　拉丁名：
　　　中文名：

C.3　品种类型
　　　在相符的类型［　］中打✓。

C.3.1　选育方式

C.3.1.1　实生选种　　　　　　　　　　　　　　　　［　］

C.3.1.2　杂交　　　　　　　　　　　　　　　　　　［　］

（请指明所用亲本）

C.3.1.3 其它 [ ]

（请指明）

C.3.2 繁育方法

C.3.2.1 补片芽接法 [ ]

C.3.2.2 切接法 [ ]

C.3.2.3 其他 [ ]

C.3.3 品种特点

C.3.3.1 干苞类型 [ ]； 湿苞类型 [ ]

C.3.3.2 适于加工 [ ]； 适于鲜食 [ ]； 兼用 [ ]

C.4 申请品种的具有代表性彩色照片

{品种照片粘贴处}

（如果照片较多，可另附页提供）

C.5 其他有助于辨别申请品种的信息

（如品种用途、生长特征、产量和品质等，请提供详细资料）

C.6 品种种植或测试是否需要特殊条件？

在相符的类型 [ ] 中打√。

是 [ ] 否 [ ]

（如果回答是，请提供详细资料）

C.7 品种繁殖材料保存是否需要特殊条件？

在相符的类型 [ ] 中打√。

是 [ ] 否 [ ]

（如果回答是，请提供详细资料）

C.8 申请品种需要指出的性状

在表 C.1 中相符的代码后 [ ] 中打√，若有测量值，请填写在表 C.1 中。

表C.1 申请品种需要指出的性状

序号	性状	表达状态	代码	测量值
1	叶片：波状（性状6）	无 有	1[ ] 9[ ]	
2	花：开花习性 （性状13）	1年1次 1年多次	1[ ] 2[ ]	
3	果实：形状（性状14）	扁圆形 近圆形 长椭圆形 椭圆形	1[ ] 2[ ] 3[ ] 4[ ]	
4	果实：果皮厚度（性状20）	薄 中 厚	1[ ] 2[ ] 3[ ]	
5	果实：果苞颜色（性状24）	浅黄色 中等黄色 深黄色 橙红色	1[ ] 2[ ] 3[ ] 4[ ]	
6	果实：果苞质地（性状25）	软 脆	1[ ] 2[ ]	
7	果实：单果重（性状27）	极轻 极轻到轻 轻 轻到中 中 中到重 重	1[ ] 2[ ] 3[ ] 4[ ] 5[ ] 6[ ] 7[ ]	
8	果实：果胶含量（性状31）	少 中 多	1[ ] 2[ ] 3[ ]	

说明：

本标准依据GB/T 1.1—2009给出的规则起草。

本标准由中华人民共和国农业部科技教育司提出。

本标准由全国植物新品种测试标准化技术委员会（SAC/TC 277）归口。

本标准起草单位：中国热带农业科学院热带作物品种资源研究所、中国热带农业科学院香料饮料研究所、农业部科技发展中心。

本标准主要起草人：吴刚、谭乐和、张如莲、高玲、唐浩、陈海平等。

2013年12月13日由中华人民共和国农业部发布，2014年4月1日起实施。

附录五 NY/T 3008—2016

木菠萝栽培技术规程

1 范围

本标准规定了木菠萝（Artocarpus heterophyllus Lam.）栽培的园地选择、园地规划、园地开垦、定植、田间管理、树体管理、主要病虫害防治和果实采收等技术要求。

本标准适用于木菠萝的栽培管理。

2 规范性引用文件

下列文件对于本文件的应用是必不可少的。凡是注日期的引用文件，仅所注日期的版本适用于本文件。凡是不注日期的引用文件，其最新版本（包括所有的修改单）适用于本文件。

GB 4285　农药安全使用标准

GB/T 8321　（所有部分）农药合理使用准则

NY/T 394　绿色食品 肥料使用准则

NY/T 489　木菠萝

NY/T 1276　农药安全使用规范 总则

NY/T 1473　木菠萝 种苗

NY/T 5023　无公害食品 热带水果产地环境条件

3 园地选择

一般选择年平均温度19 ℃以上，最冷月平均温度12 ℃以上，绝对最低温度0 ℃以上，年降雨量1 000 mm以上；坡度＜30 °，土层深厚、土质肥沃、结构良好、易于排水、地下水位在 1 m 以下的地方建园。环境条件应符合 NY/T 5023 的规定。

4 园地规划

4.1 小区

按同一小区的坡向、土质和肥力相对一致的原则，将全园划分若干小区，每个小区面积以 1.5 hm² ～ 3 hm² 为宜。

4.2 防护林

园区四周应设置防护林，林带距边行植株 6 m 以上。主林带方向与主风向垂直，植树 8 ～ 10 行；副林带与主林带垂直，植树 3 ～ 5 行。宜选择适合当地生长的高、中、矮树种混种，如木麻黄、台湾相思、母生、菜豆树、竹柏和油茶等树种。

4.3 道路系统

园区内应设置道路系统，道路系统由主干道、支干道和小道等互相连通组成，主干道贯穿全园，与外部道路相通，宽 5m ～ 6m，支干道宽 3 m ～ 4 m，小道宽 2 m。

4.4 排灌系统

排灌系统规划应因地制宜，充分利用附近河沟、坑塘、水库等排灌配套工程，配置灌溉或淋水的蓄水池等。坡度≤10°平缓种植园地应设置环园大沟、园内纵沟和横排水沟，环园大沟一般距防护林 3 m，距边行植株 3 m，沟宽 80 cm、深 60 cm；在主干道两侧设园内纵沟，沟宽 60 cm、深 40 cm；支干道两侧设横排水沟，沟宽 40 cm、深 30 cm。环园大沟、园内纵沟和横排水沟互相连通。除了利用天然的沟灌水外，同时视具体情况铺设管道灌溉系统，顺园地的行间埋管，按株距开灌水口。

4.5 水肥池

每个小区应修建水肥池 1 个，容积为 10 m³ ～ 15 m³。

4.6 定植密度与规格

以株距5 m ～ 6 m、行距6 m ～ 7 m为宜，每667 m² 定植
18 ～ 22 株，平缓坡地和土壤肥力较好园地可疏植，坡度大的园地
可适当缩小行距。

4.7 品种选择

选择适应当地环境与气候条件的优质、高效品种。海南省产
区推荐选择琼引1号品种；广东省产区推荐选择常有木菠萝和四季
木菠萝等品种。

5 园地开垦

5.1 深耕平整

应清理园区内除留作防护林以外的植物，一般在定植前3 ～ 4
个月内进行园地的深耕，深度40 cm ～ 50 cm，清理树根、杂草、
石头等杂物并平整。

5.2 梯田修筑

坡度10 °～ 30 °的园地应等高开垦，修筑宽2 m ～ 2.5 m的
水平梯田或环山行，向内稍倾斜，单行种植。

5.3 植穴准备

定植前2个月内挖穴，植穴规格为长80cm、宽80cm、
深70cm ～ 80cm。挖穴时，应将表土、底土分开放置，曝晒
20d ～ 30d后回土。回土时先将表土回至穴的1/3，然后将充分腐
熟的有机肥20 kg ～ 30 kg和钙镁磷肥1 kg作为基肥，与表土充分
混匀后回入中层，上层填入表土，并做成比地面高10 cm ～ 20 cm
的土堆，以备定植。

6 定植

6.1 种苗要求

按照NY/T 1473 的规定执行。

6.2 定植时期

春、夏、秋季均可定植，以3～4月或9～10月定植为宜。定植选在晴天下午或阴天进行。

6.3 定植方法

植穴中部挖一小穴，放入种苗并解去种苗营养袋，保持土团完整，使根颈部与穴面平，扶正、回土压实。修筑比地表高2cm～3cm、直径80cm～100cm的树盘，覆盖干杂草，淋足定根水，再盖一层细土。

6.4 植后管理

定植至成活前，保持树盘土壤湿润。雨天应开沟排除园地积水，以防烂根。及时检查，补植死缺株，并及时抹掉砧木嫩芽。

7 田间管理

7.1 土壤管理

7.1.1 间作

定植后1～3年的果园，合理间种豆科作物、菠萝和番薯等短期矮秆经济作物；间种作物离主干1 m以上。

7.1.2 覆盖

幼龄树应覆盖干杂草、稻草等，离主干15 cm～20 cm覆盖，厚度5 cm～8 cm。

7.1.3 除草

要求1～2个月除草1次，保持树盘无杂草，果园清洁。易发生水土流失园地或高温干旱季节，应保留行间或梯田埂上的矮生杂草。

7.1.4 扩穴改土

定植1年后，结合施肥进行扩穴改土，在紧靠原植穴四周、树冠滴水线外围对称挖两条施肥沟，规格为长80 cm～100 cm、宽30 cm～40 cm、深30 cm～40 cm，沟内压入绿肥，施有机肥并覆土。下一次在另外对称两侧逐年向外扩穴改土。

7.2 施肥管理

7.2.1 施肥原则

应贯彻勤施、薄施、干旱和生长旺季多施水肥的原则。肥料种类以有机肥为主,适量施用无机肥。

7.2.2 肥料种类

推荐使用的农家肥料和化学肥料按照NY/T 394的规定执行。常用有机肥有:畜禽粪、畜粪尿、鱼肥,以及塘泥、饼肥和绿肥等。畜粪尿、饼肥一般沤制成水肥;畜粪、鱼肥一般与表土或塘泥沤制成干肥。常用无机肥有:尿素、过磷酸钙、氯化钾、钙镁磷肥和复合肥等。

7.2.3 施肥方法

采用条状沟施、环状沟施等方法,在树冠滴水线下挖施肥沟。有机干肥以开深沟施,规格应符合7.1.4给出的要求;水肥和化学肥料以开浅沟施,沟长80 cm ～ 100 cm、宽10 cm ～ 15 cm、深10cm ～ 15cm。施肥时混土均匀。旱季施肥后要结合灌溉。

7.2.4 施肥量

7.2.4.1 幼龄树施肥量

幼龄树按以下方法施肥:

a）1 年生幼龄树:每株施尿素50 g ～ 70 g、或复合肥（15：15：15）100 g、或水肥2 kg ～ 3 kg,隔月1次。秋末冬初,宜增施有机肥15 kg ～ 20 kg、钙镁磷肥0.5 kg。

b）2 ～ 3 年生幼龄树:每株施尿素100 g、或复合肥（15：15：15）130 g、或水肥4 kg ～ 5 kg,隔月1次。秋末冬初,宜增施有机肥20 kg ～ 30 kg、钙镁磷肥0.5 kg。

7.2.4.2 成龄树施肥量

成龄树按以下方法施肥:

a）花前肥 集中抽花序前施用,每株施尿素0.5 kg、氯化钾0.5kg或复合肥（15：15：15）1 kg ～ 1.5 kg。

b）壮果肥 抽花序后1～2月内施用，每株施尿素0.5 kg、氯化钾1 kg～1.5 kg、钙镁磷肥0.5 kg、饼肥2 kg～3 kg。

c）果后肥 果实采收后1～2周施用，每株施有机肥25kg～30kg（其中饼肥2 kg～3 kg）、复合肥（15：15：15）1kg～1.5kg。

7.3 水分管理

7.3.1 灌溉

在开花和果实发育期保持土壤湿润，采用浇灌、喷灌或滴灌等方法灌溉，灌溉应在上午或傍晚进行。

7.3.2 排水

雨季、台风来临之前，应疏通排水沟，填平凹地，维修梯田。大雨过后应及时检查，排除园中积水。

8 树体管理

8.1 整形修剪

8.1.1 整形修剪原则

修剪时宜由下而上进行，通过整形修剪使枝叶分布均匀、通风透光，形成层次分明、疏密适中的树冠结构。

8.1.2 修剪时期

应在植株抽梢期、果实采收后和台风来临前及时修剪。

8.1.3 修剪方法

8.1.3.1 幼龄树

幼龄树的修剪方法：

a）培养一级分枝：当植株生长高度1.5 m时，修剪截顶，让其分枝。要求剪口斜切，剪口涂上油漆或凡士林等保护剂。选留3～4个健壮、分布均匀，与主干呈45°～60°生长的枝条培养一级分枝，选留的最低枝芽距离地面1 m以上，抹除多余枝芽。

b）培养二级分枝：一级分枝生长至1.2 m～1.5 m时，修剪截顶，让其分枝。每个一级分枝选留2～3条健壮、分布均匀、斜向上生长的枝条培养二级分枝，剪除多余枝条。

c）培养树形：经过3～4次修剪截顶，培养开张的树冠。树高以3 m～5 m为宜。

8.1.3.2　成龄树

果实采收后应适当修剪，剪截过长枝条，剪去交叉枝、下垂枝、徒长枝、过密枝、弱枝和病虫枝等，植株高度控制在5 m以下，树冠株间的交接枝条也剪去。树冠枝叶修剪量应根据植株长势而定。

8.2　疏果

8.2.1　疏果时期

在果实发育初期，即果实直径6 cm～8 cm时进行人工疏果。

8.2.2　疏除对象

疏除病虫果、畸形果和过密果等果实，选留生长充实、健壮、果形端正、无病虫害、无缺陷的果实。

8.2.3　留果数量

琼引1号等大果形品种，定植第3年结果树每株留1～2个果，第4年3～4个，第5年6～8个，第6年8～10个，之后盛产期每株留12～20个；常有木菠萝、四季木菠萝等中小果形品种，定植第3年结果树每株留2～3个果，第4年4～8个，第5年10～14个，第6年16～20个，之后盛产期每株留20～30个。实际生产中根据植株长势和单果重量适当增减单株留果数量。

9　主要病虫害防治

9.1　主要病虫害种类

主要病虫害有花果软腐病、炭疽病、蒂腐病、根腐病、黄翅绢野螟、天牛和绿刺蛾等。

9.2 防治原则

贯彻"预防为主、综合防治"的植保方针，依据主要病虫害的发生规律及防治要求，综合考虑影响其发生的各种因素，采取以农业防治为基础，协调应用化学防治、物理防治等措施，实现对主要病虫害的安全、有效控制。使用药剂防治应符合GB 4285、GB/T 8321和NY/T 1276的规定。

9.3 防治措施

9.3.1 农业防治

搞好园区卫生，及时清除病虫叶、病虫果、杂草及地面枯枝落叶，并集中园外烧毁；加强水肥管理，增施有机肥和磷钾肥，不偏施氮肥；合理修剪，保持果园适宜荫蔽度，改善果园的光照和通风条件，避免果园积水；防止果实产生人为或机械伤口。

9.3.2 化学防治

主要病虫害的为害症状及化学防治参见附录A。

10 果实采收

10.1 采收适期

果实达到如下成熟度，应及时采收：

——果柄呈黄色，或离果柄最近叶片变黄脱落；

——用手或木棒拍打果实，发出"噗、噗"混浊音；

——果皮为黄色或黄褐色，皮刺变钝、手擦时易脆断且无乳汁流出；

——用小刀刺果，流出的乳汁清淡。

10.2 采收方法

采用枝剪、小刀剪断果柄，采收过程应轻采、轻放，避免机械损伤。采后果实集中存放于阴凉干燥处，避免暴晒。按NY/T 489的规定条件贮存。

附 录 A

（资料性附录）

木菠萝主要病虫害为害症状及化学防治

表A 木菠萝主要病虫害为害症状及化学防治

病虫害名称	为害症状	化学防治
花果软腐病	木菠萝花果软腐病病原菌为接合菌门根霉属（*Rhizopus*）的匍枝根霉*Rhizopus nigricans*。 花序、幼果、成熟果均可受害，受虫伤、机械伤的花及果实易受害。发病部位初期呈褐色水渍状软腐，随后在病部表面迅速产生浓密的白色绵毛状物，其中央产生灰黑色霉层。感病的果，病部变软，果肉组织溃烂。	在开花期、幼果期喷药护花护果，选用10%多抗霉素可湿性粉剂或80%戊唑醇水分散粒剂500～800倍液，或90%多菌灵水分散粒剂800～1000倍液。隔7 d喷施1次，连续喷施2～3次。
炭疽病	木菠萝炭疽病由半知菌亚门炭疽菌属的胶孢炭疽菌（*Colletotrichum gloeosporiodes* Penz.）引起。 叶片、果实均可发生此病。叶片受害，叶斑可发生于叶面任何位置，病斑近圆形或不规则形，呈褐色至暗褐色，周围有明显黄晕圈；发病中后期，病斑上生棕褐色小点，有时病斑中央组织易破裂穿孔。果实受害后，呈现黑褐色圆形斑，其上长出灰白色霉层，引起果腐，导致果肉褐坏。	在发病初期，选用45%咪鲜胺乳油或40%福美双·福美锌可湿性粉剂500～800倍液，或50%多·锰锌可湿性粉剂500倍液，隔7 d喷施1次，连续喷施2～3次。

（续）

病虫害名称	为害症状	化学防治
蒂腐病	木菠萝蒂腐病病原菌为半知菌亚门球二孢属（*Diplodia natalensis*）真菌。 　　该病主要为害果实，病斑常发生于近果柄处，初为针头状褐色小点，继而扩大为圆形病斑，中央深褐色，边缘浅褐色，水渍状；病部果皮变黑、变软、变臭，上生白色黏质物，为病菌的分生孢子团。受害果实往往提早脱落。	主要在花期和幼果期喷施杀菌剂防治。选用70%甲基硫菌灵可湿性粉剂800倍液，或50%多菌灵可湿性粉剂500倍液，每隔7 d喷施1次，连续喷施2～3次。
根腐病	木菠萝根腐病病原菌为为担子菌门灵芝属（*Ganoderma* sp.）真菌。 　　病树长势衰弱，易枯死。病树的根茎上方长出病原菌子实体。病根表面平黏着一层泥沙，用水较易洗掉，洗后可见枣红色菌膜；病根湿腐，松软而呈海绵状，有浓烈蘑菇味。	发病初期，选用75%十三吗啉乳油300～500倍液，在距病树基部30 cm处挖一条宽20 cm、深5 cm的浅沟，每株淋灌药剂2L～4L，隔7 d～10 d淋灌1次，连续淋灌3次。同时对未发病植株做好预防，在发病植株与健康植株之间应挖一条宽30 cm、深40 cm的隔离沟，用75%十三吗啉乳油500倍液喷撒沟内，隔7 d～10 d喷药1次，连续2～3次。
黄翅绢野螟	黄翅绢野螟*Diaphania caesalis* Walker属于鳞翅目Lepidoptera、螟蛾科Pyralidae。 　　为害幼果时一开始嚼食果皮，然后逐渐深入食到种子，取食的孔道外面有粪便堆聚封住孔口，孔道内也有粪便，还常常引起果蝇的幼虫进入取食果肉，使果实受害部分变褐腐烂，严重时导致果实脱落，造成减产；为害嫩果柄时则从果蒂进入，然后逐渐往上，粪便排在孔内外，引起果柄局部枯死，影响果品质量；为害新梢时，取食嫩叶和生长点，排出粪便，并吐丝把受害叶和生长点包住，影响植株生长。	害虫严重发生时，及时摘除被害嫩梢、花芽及果实，集中倒进土坑，喷施50%杀螟松乳油800～1 000倍液后回土深埋；并选用50%杀螟松乳油1 000～1 500倍液，或40%毒死蜱乳油1 500倍液，或2.5%溴氰菊酯乳油3 000倍液进行全园喷药，隔7 d～10 d喷施1次，喷2～3次。

（续）

病虫害名称	为害症状	化学防治
天牛	生产上常见为榕八星天牛 *Batocera rubus*（L.）和桑粒肩天牛*Apriona germari* Hope，均属于鞘翅目Coleoptera、天牛科Cerambycidae。 榕八星天牛幼虫蛀害树干、枝条，使其干枯，严重时可使植株死亡；成虫为害叶及嫩枝。该虫一年发生1代。成虫夜间活动食木菠萝叶及嫩枝。雌成虫在树干或枝条上产卵，幼虫孵出后在皮下蛀食坑道呈弯曲状，后转蛀入木质部，此时孔道呈直形，在不等的距离上有一排粪孔与外皮相通，由此常可见从此洞中流出锈褐色汁液。通常幼虫多居于最上面一个排粪孔之上的孔道中。 桑粒肩天牛2～3年完成1代，以幼虫在树干内越冬。成虫羽化后在蛹室内静伏5 d～7 d，然后从羽化孔钻出，啃食枝干皮层、叶片和嫩芽。生活10 d～15 d开始产卵。产卵前先选择直径10 mm左右的小枝条，在基部或中部用口器将树皮咬成"U"形伤口，然后将卵产在伤口中间，每处产卵1～5粒，一生可产卵100余粒。幼虫孵出后先向枝条上方蛀食约10 cm长，然后调转头向下蛀食，并逐渐深入心材，每蛀食5cm～6 cm长时便向外蛀一排粪孔，由此孔排出粪便。排粪孔均在同一方位顺序向下排列，遇有分枝或木质较硬处可转向另一边蛀食和蛀排粪孔。幼虫多位于最下一个排粪孔的下方。排粪孔外常有虫粪积聚，树干内树液从排粪孔排出，常经年长流不止。树干内有多头幼虫钻蛀时，常可导致树体干枯死亡。	主干受害时，选用生石灰：水按 1：5比例配制石灰水，对主干进行涂白；在主干发现新排粪孔时，使用注射器将5%高效氯氰菊酯乳油或10%吡虫啉可湿性粉剂100～300倍液注入新排粪孔内，或将蘸有药液的小棉球塞入新排粪孔内，并用黏土封闭其他排粪孔。

（续）

病虫害名称	为害症状	化学防治
绿刺蛾	绿刺蛾 *Parasa lipida*（Cramer）属于鳞翅目 Lepidoptera 刺蛾科 Limacodidae。 绿刺蛾在海南1年发生2~3代，以老熟幼虫在树干上结茧越冬。次年4月中下旬越冬幼虫开始变蛹，5月下旬左右成虫羽化、产卵。第1代幼虫于6月上中旬孵出，6月底以后开始结茧，7月中旬至9月上旬变蛹并陆续羽化、产卵。第2代幼虫于7月中旬至9月中旬孵出，8月中旬至9月下旬结茧过冬。成虫于每天傍晚开始羽化，以19~21时羽化最多。成虫有较强的趋光性，雌成虫交尾后次日即可产卵，卵多产于嫩叶背面，呈鱼鳞状排列，每只雌成虫一生可产卵9~16块，平均产卵约206粒。卵期5 d~7 d，2~4龄幼虫有群集危害的习性，整齐排列于叶背，啃食叶肉留下表皮及叶脉；4龄后逐渐分散取食，吃穿表皮，形成大小不一的孔洞；5龄后自叶缘开始向内蚕食，形成不规则缺刻，严重时整个叶片仅留叶柄。	在6月中上旬第一代幼虫孵化高峰后和7月中旬至9月中旬第二代幼虫孵化高峰后，选用20%除虫脲悬浮剂1 000倍液，或2.5%的高效氯氟氰菊酯乳油3 000倍液进行全园喷施，隔7d~10d喷施1次，喷施2~3次。

说明：

本标准按照GB/T 1.1—2009给出的规则起草。

本标准由中华人民共和国农业部农垦局提出。

本标准由农业部热带作物及制品标准化技术委员会归口。

本标准起草单位：中国热带农业科学院香料饮料研究所、海南大学。

本标准主要起草人：谭乐和、吴刚、李绍鹏、刘爱勤、李茂富、桑利伟、李新国、孙世伟。

图书在版编目（CIP）数据

菠萝蜜、面包果、尖蜜拉栽培与加工／谭乐和主编．
—北京：中国农业出版社，2017.11
ISBN 978-7-109-23548-9

Ⅰ．①菠…　Ⅱ．①谭…　Ⅲ．①树菠萝–果树园艺②树
菠萝属–果树园艺③树菠萝–果品加工④树菠萝属–果品
加工　Ⅳ．①S667②TS255.4

中国版本图书馆CIP数据核字（2017）第283639号

中国农业出版社出版
（北京市朝阳区麦子店街18号楼）
（邮政编码 100125）
责任编辑　石飞华

中国农业出版社印刷厂印刷　　新华书店北京发行所发行
2017年11月第1版　　2017年11月北京第1次印刷

开本：880mm×1230mm　1/32　印张：8.75
字数：220千字
定价：50.00元
（凡本版图书出现印刷、装订错误，请向出版社发行部调换）